普通高等院校城乡规划专业"十三五"精品教材

生态宜居村镇社区
规划设计

编 著 李 勤 郭 平

调研编写组

组 长 李 勤

副组长 郭 平

成 员 杨晓飞 肖琛亮 段品生

　　　 熊 雄 程 伟 刘钧宁

　　　 田伟东 郁小茜 尹志洲

　　　 周 帆 邸 巍 崔 凯

华中科技大学出版社

中国·武汉

内 容 简 介

　　本书对生态宜居村镇社区规划设计的基本原理与方法进行了系统论述。全书共 7 章,在深入探讨生态宜居村镇社区规划设计理念和内涵的基础上,重点对其中的规划设计机理、模式和动力机制进行了研究,分类剖析了不同村镇社区规划的典型案例,并对生态宜居村镇社区规划设计的相关理论展开了深刻的阐释。

　　本书可作为高等院校城乡规划及建筑学专业相关课程的教学辅导书及培训教材,对建筑师、工程技术人员及工程管理人员均有参考价值。

图书在版编目(CIP)数据

生态宜居村镇社区规划设计/李勤,郭平编著.—武汉:华中科技大学出版社,2020.8(2025.1重印)
ISBN 978-7-5680-6373-9

Ⅰ.①生… Ⅱ.①李… ②郭… Ⅲ.①社区-城乡规划-研究 Ⅳ.①TU984.12

中国版本图书馆 CIP 数据核字(2020)第 132904 号

生态宜居村镇社区规划设计　　　　　　　　　　　　　　　　李　勤　郭　平　编著
Shengtai Yiju Cunzhen Shequ Guihua Sheji

责任编辑:简晓思
封面设计:王亚平
责任校对:阮　敏
责任监印:朱　玢
出版发行:华中科技大学出版社(中国·武汉)　　　电话:(027)81321913
　　　　　武汉市东湖新技术开发区华工科技园　　　邮编:430223
录　　排:华中科技大学惠友文印中心
印　　刷:武汉邮科印务有限公司
开　　本:850mm×1065mm　1/16
印　　张:13
字　　数:274 千字
版　　次:2025 年 1 月第 1 版第 5 次印刷
定　　价:48.00 元

总　　序

　　《管子》一书《权修》篇中有这样一段话："一年之计,莫如树谷;十年之计,莫如树木;百年之计,莫如树人。一树一获者,谷也;一树十获者,木也;一树百获者,人也。"这是管仲为富国强兵而重视培养人才的名言。

　　"十年树木,百年树人"即源于此。它的意思是说,培养人才是国家的百年大计,既十分重要,又不是短期内可以奏效的事。"百年树人"并不是非得一百年才能培养出人才,而是比喻培养人才的远大意义,要重视这方面的工作,并且要预先规划,长期、不间断地进行。

　　当前,我国城市和乡村发展形势迅猛,急缺大量的城乡规划专业应用型人才。全国各地设有城乡规划专业的学校众多,但能够既符合当前改革形势又适用于目前教学形式的优秀教材却很少。针对这种现状,急需推出一系列切合当前教育改革需要的高质量优秀专业教材,以推动应用型本科教育办学体制和运作机制的改革,提高教育的整体水平,并且有助于加快改进应用型本科办学模式、课程体系和教学方法,形成具有多元化特色的教育体系。

　　这套系列教材整体导向正确,科学精练,编排合理,指导性、学术性、实用性和可读性强。符合学校、学科的课程设置要求。以城乡规划学科专业指导委员会的专业培养目标为依据,注重教材的科学性、实用性、普适性,尽量满足同类专业院校的需求。教材内容上大力补充新知识、新技能、新工艺、新成果;注意理论教学与实践教学的搭配比例,结合目前教学课时减少的趋势适当调整了篇幅。根据教学大纲、学时、教学内容的要求,突出重点、难点,体现了建设"立体化"精品教材的宗旨。

　　这套系列教材以发展社会主义教育事业,振兴城乡规划类高等院校教育教学改革,促进城乡规划类高校教育教学质量的提高为己任,为发展我国高等城乡规划教育的理论、思想,对办学方针、体制,教育教学内容改革等进行了广泛深入的探讨,以提出新的理论、观点和主张。希望这套教材能够真实地体现我们的初衷,真正成为精品教材,受到大家的认可。

中国工程院院士

2007 年 5 月于北京

前　　言

　　本书对生态宜居村镇社区规划设计的基本原理与方法进行了系统论述,是《生态理念下宜居住区营建规划》一书的姐妹篇。在深入探讨生态宜居村镇社区规划设计理念和内涵的基础上,将规划设计模式按照村镇社区的类型拆解并展开了深入研究。全书共7章,第1章对生态宜居村镇社区规划设计的基本内涵、发展历程、类型和价值进行了系统剖析;第2章就生态宜居村镇社区规划设计理论基础和实践、设计因素和价值展开了系统分析;第3章从生态宜居村镇社区规划设计内涵、城乡协同发展、社区空间结构、空间与设施布局、道路交通体系、建筑结构体系、生态景观体系和基础设施配套进行了研究;第4章对政府政策、公众参与、多元模式协同下的村镇社区规划动力机制进行了探讨;第5～7章分别从普通村镇社区、特色小镇社区、历史村镇社区三种类型出发,具体解析了生态宜居村镇社区规划设计的方法,并通过对应的典型案例,对生态宜居村镇社区规划设计的相关理论展开了深刻的论述。

　　本书的撰写得到了国家自然科学基金项目"基于生态宜居理念的保障房住区规划设计与评价方法研究"(批准号:51408024)、住房和城乡建设部课题"生态宜居理念导向下城市老城区人居环境整治及历史文化传承研究"(批准号:2018-KZ-004)、北京市社会科学基金项目"宜居理念导向下北京老城区历史文化传承与文化空间重构研究"(批准号:18YTC020)、北京市教育科学"十三五"规划课题"共生理念在历史街区保护规划设计课程中的实践研究"(批准号:3063-0013)、中国建设教育协会课题"文脉传承在老城街区保护规划课程中的实践研究"(批准号:2019061)、北京建筑大学未来城市设计高精尖创新中心资助项目"创新驱动下的未来城乡空间形态及其城乡规划理论和方法研究"(批准号:udc2018010921)的支持。此外,北京建筑大学、西安建筑科技大学、中冶建筑研究总院有限公司、百胜联合集团有限公司、西安华清科教产业(集团)有限公司、案例项目所属单位、相关规划设计研究院等单位的技术与管理人员均对本书的撰写提供了宝贵的建议。在撰写过程中还参考了许多专家和学者的有关研究成果及文献资料,在此一并向他们表示衷心的感谢!

　　由于作者水平有限,书中难免有不足之处,敬请广大读者批评指正。

编　者

2020 年 6 月

目　　录

第1章 生态宜居村镇社区
规划设计基础

生态宜居村镇社区,顾名思义,社区是其本质,生态宜居是其特征,村镇是其隶属范围。换言之,宜居村镇社区是在科学发展观、五个统筹和美丽乡村协调发展的背景下孕育发展的,这是我国村镇社区生态宜居发展的成果。

1.1 村镇社区的内涵与实践

1.1.1 界定与内容

村镇社区主要包括两个方面:村镇和社区。本节首先从村镇社区的组成进行单独分析;其次引入村镇社区的概念并对其内涵进行解读;最后对村镇社区进行界定,明确村镇与村镇社区规划的差异和联系。

1. 村镇

村庄和集镇统称为村镇。它是我国城乡居民区系统中规模最小、数量最多、分布最广的居住区。村镇社区是相对城市社区而言的,如图 1.1 所示。要对村镇社区进行分析与研究,首先需对二者的区别和联系进行识别。

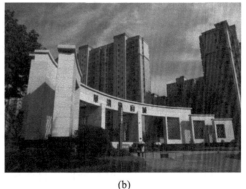

(a)   (b)

图 1.1 村镇社区和城市社区

(a)村镇社区;(b)城市社区

我国的居住区根据其政治、经济、人口和特点,可分为城市型居住区和农村型居住区两类。城市型居住区按照其隶属范围大小分为城市(特大城市、大城市、中等城市、小城市)和城镇(县城镇);农村型居住区主要分为集镇(中心集镇、一般集镇)和村庄(中心村、基层村)。中国城市按照规模大小,主要分为特大城市、大城市、中等城市、小城市和村镇;根据行政级别,可分为中央直辖市、副省级城市、地级市、县级市和建制镇。

2. 村镇社区

基于社区概念的演进和基本特征,将村镇社区定义为:村庄和集镇地域内特定规模人群社会生活的共同体。这一概念反映了以下四个基本内涵。

1)地域

地域是村镇社区与城市社区之间的地理差异。该区域空间范围的定义为村镇社区规划中的自然环境规划要素奠定了土地和空间基础。换句话说,应在特定的地理区域内组织和规划实际环境规划的要素。

2)一定规模的人群

一定规模的人群指合理的村镇社区人口规模。农村的人口规模和模式在不同生产力水平、不同地形和传统文化的影响下也不尽相同。

3)社会生活

社会生活是村镇区域的生产和生活的统称。经济产业活动、社会文化活动和日常生活活动是组成社会活动的三要素。城市内的居民在一个小区居住,但上班可能在城市的另一端,出行时间可能需一个小时甚至几个小时。与城市不同的是,村民在地理空间的生产和生活普遍接近。因此,社会生活的不同是村镇社区概念的一个显著特征。

4)共同体

首先,共同体特征揭示了村镇社区人群共同的社会利益。由于生产和生活在共同的村镇地区,其物质设施、环境条件、人际关系的状态和管理的效率等影响着每个定居者的切身利益。共同体特征凸显了村庄和社区身份的客观必然性。因此,共同体特征是村镇的公众参与、居民自治,以及维护自身权利的理论基础。

其次,共同体特征彰显了社区管理和组织的必要性。对于一个特定的村镇社区,应由村镇社区组织承担起维护其共同利益的责任,且这种维护的工作又是经常性的。

最后,共同体特征揭示了村镇人群社会心理的作用,即让居民拥有归属感和稳定的安置感是村镇规划建设和管理共同努力的目标。

3. 村镇社区规划

1)村镇社区是建设类型而非行政层次

我国的市、县、乡、村等都是行政级别,具有相应的行政机构或派出机构。乡有乡政府,村有村委会,都有相应的标志对应。但村镇社区与其不同,它仅仅是一个建设类型而不是行政层次。换句话说,村镇社区的建设应成为乡、村建设的目标,而不是取代农村建设体制。例如,可以在乡一级进行大规模的农村社区建设,可以在村一级开展基层农村社区建设。

在我国一些地区的具体实践中,随着城镇化进程的加快和基础设施环境的改善,一些相邻或不相邻的若干村出于寻求资源整合、经济社会发展高效的目标,提出合并建设农村社区,探索新型的城镇化道路,对这样的类型需要区别对待。如果它们已经接近城镇建设用地规划发展范围,那么可以按照城市规划设计规范管理要求归入城镇管理。而如果它们仍然是在农村地域,那么需要及时调整行政村的行政边界,适时地拆并、迁并、改造村庄,整合土地资源,建立大型的行政村或确立新的中心村,以适应整合资源合理使用方面的需要。

2)村镇社区规划是专项规划而非总体规划

村镇社区规划是与乡规划、村规划及城市规划不同类型的规划。例如,针对农村地区的村镇规划用地范围可以是村域范围,但规划的内容与村规划有所不同,它是以村镇社区建设为目标的专项规划,而不是总体规划,类似城市总体规划编制和其他专项规划编制的关系。一座城市如果是历史文化名城,它除了需要编制城市总体规划外,还需要编制历史文化名城保护规划,并制定相应的编制标准和规范条例。根据需要,历史文化名城还要编制道路交通专项规划、防灾规划,甚至消防专项规划。这些规划的编制都需要参照规划标准或技术规范。因此,村镇社区规划的编制需求,是在我国村镇地域中以社区发展建设为目标的规划,它是我国村庄、集镇规划类型的重要补充,是对我国当前新农村建设的工作创新。而这方面的规划标准和编制技术措施目前尚属空白。

1.1.2　变迁与发展

村镇社区从人文社会科学角度来说属于居民点的范畴,同时也是由居民点发展而来的。人类从古代原始部落发展最初所形成的聚居点,即居民点,经过长期的发展形成村镇。村镇是乡村居民点的总称,包括村庄和集镇。村镇与城市共同构成了完整的城乡居民点。

1. 居民点的含义

居民点是一个复杂的综合体,是人们共同生活和因经济活动而聚集的定居场所,由居住生活、生产、交通运输、公用设施和园林绿化等多种体系要素构成。换句话说,居民点是由建筑群(住宅建筑、公共建筑与生产建筑等)、道路网、绿地及其他公用设施构成的,而这些组成成分常被称为居民点物质,如图1.2所示。

在人类的发展史上,居民点并不是一开始就存在的。居民点是生产力随着时间演变到一定程度的产物与结果。

2. 村镇的源起

1)村庄的产生

村庄主要作为农业生产者的居住场所。在原始社会,人们只能依靠本能,把天然岩洞作为遮风避雨、抵御野兽侵袭的居所。后来,从洞穴到地面,出现了"据土以营窑"或"架木以构巢"的原始居住形式。随着生产力的发展和农业与畜牧业的分工,人们开始在物产丰富的生产区定居,以组织固定的生产活动,从而出现了住房建筑和一

(a)   (b)

图 1.2　居民点物质
(a)村镇社区建筑群；(b)村镇社区水体景观

定规模的人群。

1954 年在西安东郊半坡村发掘的半坡遗址，是距今 6 000 多年的一处母系氏族聚落居民点，属于仰韶文化，如图 1.3 所示。该遗址位于浐河东岸台地上，总面积约 50 000 m²。其中住房有两种形式：一种是方形浅穴式，居住面积一般为 10～30 m²，也有的达 40 m²，甚至有 90 m² 的；另一种是圆形房屋，直径 4～6 m。该村落由三个区域组成：南面是建有 46 座房屋的居住区；北面是墓葬区，有墓葬 250 多个；东面为生产区的制陶窑厂。居住区与墓地、窑场之间由一道壕沟相隔，在沟外的空地上，还分布着各种形式的窑穴，构成了氏族社会的公共仓储区。可见，当时村落的功能分区已经萌芽和明显化，不仅生活居住区与墓葬区分开，而且生活区与生产区也有了适当的区分。这种以居住区为中心形成的原始村落格局，主要根据当时生产活动的需要而自然形成。随着生产力的发展和地理环境的影响，这种原始村落逐步建设成规模大小不同的村庄。

村庄的规模，自古以来就大小不一。一些人口稀少的荒野村庄通常由两三个家庭组成；在经济较发达的地区，村庄规模较大，一般为一二百户，有些还有数千户。

随着历史的前进、社会的进步，村庄的建设逐步发展并完善。在初期，仅有简陋的住房；经过长期的集中建设，有了街、巷；后期必要的公共设施配置到有需要的生活、生产中，逐步形成了当时历史条件下的社会实体。

2）集镇的形成

集镇是商品经济的产物，由集市发展而来。我国广大的农村地区在自然经济和社会中经历了长期的自给自足。原始社会早期，由于生产工具的进步和劳动生产率的提高，手工业逐渐脱离农业，一些人专门从事手工业生产。除了维持自己的最低消费，农民尚有少量剩余产品。为了"易钱米以资日用"，就产生了农产品与手工产品的相互交换。在一些地理位置优越的集中聚集地，逐渐形成了固定的交易场所。各地对交易场所叫法不一。北方叫"集""市"，南方叫"场""墟""会"，云南叫"街子"，新疆

图 1.3　半坡遗址
(a)居住区；(b)生产区；(c)仓储区；(d)墓葬区

叫"巴扎"。有的集市在村旁,有的集市在荒野,没有固定区域,其显著特征是日中而市,日暮而散。随着生产力水平的提高,交易日益频繁,交易的商品越来越多,交易从不定期逐渐发展成为定期。这样,集市交易的间隔也就逐渐缩短,从月集、十日集发展到五日集、三日集等。然而这种市场交易规模小,主要是农民和附近的手工业者之间的交易。

后来,随着商品生产的不断发展,商品交换规模也在逐渐扩大,交换区域也日益扩大,出现了专门从事商品交换的商人,使得商业逐步进化为独立的商业部门。因此,集市开始解除简单商品交易的局限,从"不约而集"完美过渡到"终日成市",如图1.4所示。这种变化不但促发了人们追求和经营商品的欲望,而且产生了这种重新填充人口的力量。于是集市逐步繁荣丰富,并开始出现满积货物的栈房和经营手工业作坊的店铺。随着工商业的发展,人口大量聚集,这样,集市就逐步发展成为集镇,有些集镇进一步发展成为城市。

3. 村镇社区的发展

村镇社区是社会和经济发展到一定阶段的必然产物,为国家的发展和人民生活水平的提高发挥了重要的作用。首先,村镇社区都是以农林渔牧及手工业、制造业为

(a)   (b)

图 1.4　集市与集镇

(a)"不约而集"的集市；(b)"终日成市"的集镇

主要的经济发展模式,经济发展模式的高度兼容性导致二者在初始发展规划上及后期发展改造规划上具有先天的优势。其次,农村村庄环境恶化、生态破坏等问题,与集镇的工业污染、交通拥堵、住房拥挤等问题类似,在解决时可协同处理。最后,农村村庄和城市周边集镇社区化对于构建生态和谐的居住环境有益,城镇化发展不是要把所有农村都变成城市,而是要使城市发展完善的配套布置与农村自然风貌的完好保存及利用同步结合。在此背景下,村镇社区就成为一种先进的城乡发展建设模式,如图 1.5 所示。

(a)   (b)

图 1.5　村镇社区

(a)村镇社区(一)；(b)村镇社区(二)

目前,我国宜居村镇社区的规划建设仍处于起步阶段,许多地区也都制定了评价宜居社区的标准。例如,以村镇社区开发业务为主的地产公司以自身为蓝本提出了"村镇生态宜居社区十大标准",认为适宜人类的居住环境应该从十个方面进行全面考虑,如城市发展度、交通便利度、社区纯净度、建筑审美度、花园生态度、景观共享度、空间舒适度、公共空间私享度、配套完善度和家园感知度等。宜居村镇社区追求人与人、人与自然协调相处的可持续发展生存理念,促使村镇社区向良好的方向循环发展。

1.1.3 类型与特征

1. 村镇社区的类型

在村镇发展规划确定之前,必须认真地进行调查研究,揭示村镇发展的优势、特点和个性,分析推动村镇发展的因素,科学地拟定村镇性质。我国是一个农业大国,村镇居民点多面广,各具特色。从目前情况看,村镇分布尚无统一方法。

根据我国村镇的具体情况,在实际工作中,可按表 1.1 中三种分类标准对村镇社区进行分类。

表 1.1 村镇社区的类型

分类标准	种类		特征
按村镇社区在一定地域内的地位、作用分类	集镇社区	乡(镇)政府所在地	位置比较集中,交通便利,是全乡(镇)政治、经济、文化和生活服务的中心,是该区城内商业、集市贸易的枢纽和农副产品的集散地;同时也是城市与农村联系的桥梁;是各类工业、手工业,特别是以农副产品粗加工为主,小型建材和农机修理为辅的工业集中地
		乡(镇)管辖的集镇	国营工矿所在地,或靠水运码头;接近铁路车站,或在历史上早已形成商业、服务业,集市贸易比较繁荣。基本属于以商业为主,辅以小型工业、手工业作坊,为商业性集镇
		以风景、旅游、休养为主要性质的乡(镇)管辖集镇	不是以行政区划为原则进行划分,而是因历史原因或人流聚集而自然形成的集镇。集镇以旅游景点或康养聚集点为中心,周边辅以商业密集展开。聚集人员除旅游业或康养业从业人员外,呈现季节性流动
	中心村社区		一般是村民委员会等管理机构所在地。在目前有的地方实行"村一组"的管理体制下,则为村管理机构所在地。以从事农业生产和家庭副业为主,辅以一些小型工副业生产的村庄
	基层村社区		一般是村民小组所在地,从事农业生产和家庭副业的村庄

续表

分类标准	种类	特征
按村镇社区经营生产的内容分类	以农业生产为主	以生产粮食作物为主,大多分布在产粮区
	以蔬菜生产为主	大多分布在村镇郊区,以生产蔬菜为主,是村镇蔬菜生产基地
	以畜牧业为主	大多分布在草原地区
	以林业为主	大多分布在山区丘陵地带,以生产木材等产品为主
	以种植经济作物为主	主要是种植粮食作物、棉花、油料作物、糖料作物、水果等经济作物的地区
	综合性村镇社区	主要是指农、林、牧、渔等均衡发展的村镇社区
	农工商一条龙组织形式的村镇社区	一般首先由集镇发展起来,是村镇发展的方向
按村镇社区经济基础分类	以集体所有制为经济基础的村镇社区	沿袭了原有公社、大队、生产队三级所有制,这类村镇社区在我国占绝大多数
	全民所有制村镇社区	国有农场、军垦所有的各村镇社区

2. 村镇社区的特征

1）区域

村镇遍布在我国广阔的土地上,但由于各地区社会生产力发展水平不同,即区域经济的发展不均衡,村镇的分布有着明显的区域特点。截至 2018 年底,我国乡镇数量高达 37 334 个,按面域来分,平均每 257.14 km^2 国土面积就有一个乡镇。如乡镇密度较大的四川省,其乡镇数量合计 4 635 个,单个乡镇面积仅为 104.85 km^2;而乡镇密度较小的新疆维吾尔自治区,其乡镇数量仅为 853 个,单个乡镇面积高达 1 828.84 km^2。另外,我国共有约 50 万个行政村,约占国土面积的 94.7%,单村平均面积为 18.18 km^2。其中,东南沿海地区单村面积仅为 5~6 km^2;但在新疆维吾尔自治区,单村面积高达 160 km^2。

2）经济

与城市社区相比,村镇社区农业经济所占的比重相对较大,因此村镇社区必须充分适应组织与发展农业、教育业、副业和渔业生产的要求。农业生产的整个生产过程目前主要是在村外的土地上进行,这就表明村镇社区与其外部土地之间的关系非常密切,而村镇的经济特点又决定着村镇社区居住用地与农业用地的交叉穿插。

3）基础设施

目前,我国村镇规模较小且布局分散,村镇社区不具备城市社区集中且标准化的规划、设计、施工特点,因此村镇社区普遍存在基础设施不足的问题。图 1.6 所示为基础设施不健全示例。

(a)　　　　　　　　　　　(b)

图 1.6　基础设施不健全
(a)不齐全的排水设施；(b)分工不明的道路系统

4）环境

　　村镇社区环境建设滞后，脏、乱、差现象普遍存在，如图 1.7 所示。之前的村镇建设核心是以住房建设为主体，因而环境的建设没有得到足够的重视。一是公共卫生投入不足，环境整治力度小，许多村镇至今尚未消灭露天粪坑，导致村镇社区环境脏。二是村镇建设体制不完善，环境建设资金筹措困难，导致许多村镇道路不通畅，路网不成系统，道路等级质量不达标，整体建设环境乱。同时部分村镇依托过境公路收费，形成了"要想富、占公路"的理念，各项建设沿着主干道陈列，结果造成"十里长街、一字排开"的不良景观。三是部分村镇居民环境意识、卫生意识和文明意识淡薄，一些村镇在建设过程中，片面追求经济发展速度，结果导致地方经济的发展建立在破坏环境的基础上。

(a)　　　　　　　　　　　(b)

图 1.7　滞后的环境建设
(a)亟待整治的居住环境；(b)路网未成系统

1.1.4 作用与价值

以往农村及集镇居住模式毫无规划而导致的散乱现状,已经给当下城镇经济发展、环境保护、基础配套建设、提高生活水平等可持续发展问题提出了重大挑战。此外,随着目前村镇社区居住问题的出现,越来越多的学者和专家提出生态宜居性。将农村及集镇居住社区协同发展置于统一的管理模式下,以达到较高的居住适宜性、人文感、生态和谐等目标,这是村镇社区当下及未来发展的一个主要趋势。

1)规划建设理论与实践方面

本书将立足于村镇社区发展的整体环境,集中于如何优化村镇社区的空间结构与综合品质,并将其与社区整体的协调发展紧密结合起来。同时,克服传统理论方法的不足,立足本学科并广泛结合其他学科的最新成果,力求全面探寻城市化背景下村镇社区规划、设计、开发、建设的合理模式,并使其与国家相关政策和市场等因素相契合。

2)社会生活方面

居住问题是社会发展首先要解决的问题之一。本书直接锁定新时期村镇社区建设发展中的矛盾并结合社会发展趋势,探索更为科学合理的设计、建设与管理层面的优化策略,其实质是促进社区质量的全面提升与全社会协调发展。这将有助于克服当前村镇社区的弊端及其导致的一系列社会问题,促进居民的居住生活和整个社会环境质量的提升,更是当前村镇社区发展以人为本、构筑和谐社会所不可忽略的必要环节之一。

3)公共政策管理方面

一方面,当前我国村镇的空间建设是与"社区制"社会体制建设(社区建设)同步进行的,二者具有一定的制约与相互作用关系;另一方面,当前村镇社区的建设,除了受规划设计与社区主体(居民)的主观意愿影响,还存在着相关政策制度、法规规范、市场运作机制等方面的关键影响因素,而这些因素的影响和制约往往是深层次的。

1.2 生态宜居的内涵与实践

1.2.1 概念与发展

从人类社会的发展历程来看,社会发展经历了农业社会、工业社会和后工业社会等几个阶段。在从低到高的演变过程中,随着居住范围的迅速扩大和经济的快速增长,一系列生态问题也随之而生,如居住区拥挤、交通堵塞、环境污染、空间紧张和生态质量下降等。与此同时,人们对生活环境、生活质量和生活条件的要求也在不断变化,总体需求变得越来越复杂和苛刻。这种不可避免的演变趋势使得人们越来越关注生活环境和自身的生活条件。

随着对生活环境和居住区研究的逐步深入,人们关注的角度和问题的深度及广度不断发展,环境、资源、生态和安全等内容也逐步进入研究领域。要打造适宜人类生存和生活的住区,就需要关注与人类居住及生活密切相关的生态问题。"生态宜居"一词由"生态"和"宜居"共同组成,要理解其中的内涵,就需要对这两个词进行分解及探索。生态宜居村镇社区如图1.8所示。

(a)　　　　　　　　　　　　　　　　(b)

(c)　　　　　　　　　　　　　　　　(d)

图 1.8　生态宜居村镇社区
(a)社区(一);(b)社区(二);(c)社区(三);(d)社区(四)

1. 生态

生态通常指生物的生存状态,即生物在某一自然环境中发育和发展的状态,也指生物的生理特征和生活习性。"生态"(ecology)一词最早起源于古希腊语,指家(house)或者我们的生存环境。通俗来说,生态就是指生物的生存状态及彼此之间和环境紧密相连的关系。生态起源于对生物个体的研究,随后"生态"一词开始被扩大化研究,"生态"常被人们用来定义许多美好的事物,如健康的、美好的、和谐的事物均可用"生态"描述。随着工业化和城市化的推进与发展,生态污染成为人类不容忽视的生存问题,如图1.9所示。

图 1.9　生态污染

(a)交通堵塞；(b)空气污染

2. 宜居

　　"宜居"最早伴随着"宜居城市"这一概念走入人们的视野，并日益为人们所关注。关于人类居住环境的论述，吴良镛先生在《人居环境科学导论》一书中对"人居环境"的释义：人居环境是人类群居生活的地方，是与人类生活息息相关的地表空间，它是一个基地，是人类在大自然生存中不可或缺的，它是人类利用并改造自然的主要场所。基于此层意义，宜居社区的含义为：旨在提高人们的生活质量，营造一个适合人们居住和高质量生活的社区，如图 1.10 所示。

图 1.10　宜居社区

(a)宜居社区(一)；(b)宜居社区(二)；(c)宜居社区(三)；(d)宜居社区(四)

3. 生态宜居

"生态宜居"理念是在"人本回归"的基础上,延续可持续发展理念,融合更多生态共生观和人性化因素而发展起来的。与如何满足基本的生活需求截然不同,生态宜居的核心思想是全面提高人们的生活质量,打造居住社区人文与自然的统一。而在人类的发展中,人们始终在五大基本原则的引导下,创造更好的聚居生活,提高生活质量。五大基本原则分别为:交往机会最大原则、联系费用(能源、时间和花费)最省原则、安全性原则、人与其他要素关系最优原则、前四项原则所组成的体系最优原则。

生态宜居理念在居住环境、社会环境、经济环境的综合发展中拓展了人与自然、人与人造环境、人与人的相互关系,并通过极大地优化它们的相互作用来推动宜居社区的发展,在从满足人们基本需求到提高生活质量的转变中体现其重要特征。

1) 注重生态环保

注重保护自然生态系统,极力减少人造环境对自然生态的破坏,尊重自然环境条件,实现人造环境与自然的共生。同时包括有效利用资源和减少污染,如节能环保科技的运用,即使用可再生能源、减少污染燃料的使用,避免温室效应、臭氧层破坏和空气污染,推广建设节能建筑、运用节能产品等。

2) 注重人本关怀

注重全面的人性关怀及人文精神培育;营造宜人、体贴的居住生活场所,促进社区交流与交往,消除隔离;建立公平民主的社区制度,保护公民特别是弱势群体的利益;发展公众参与和社区自治,通过社区参与培育社区居民的认同感和责任感,实现积极、和谐、温暖的社区关系;强调地方特色文化,充分激活社区的能量。

3) 注重发展经济

注重以发展经济来带动社区的活力。大力发展社区优势资源,创造有特色的地方经济,系统地发展社区产业。社区内居住、就业的平衡,是避免"卧城"效应的主要途径。提供步行的条件,是高效节约的人居模式。混合功能的社区为就业提供多样化的岗位需求,也为经济的培育提供有利的客观条件。

4. 生态宜居的发展

人类社会发展至现阶段,经济、社会等方面取得了长足进步,但发展总是以牺牲生态为代价,这种得不偿失的发展模式已经引起人类社会的重点关注。城市现代化的摩天大楼,完善的基础设施,工业、商业、服务业等都得到了长足的发展,但其背后却是一系列生态问题。空气污染、水污染、土壤污染、噪声污染(见图 1.11)等,严重降低了人类的生活质量。这种建立在人类对自然生态与环境共享基础上的发展模式,越来越多地遭到人们的诟病。

现阶段,城镇发展成为一种趋势,建立生态宜居的村镇社区已成为解决此类居住与生态环境破坏的一种捷径。生态宜居村镇社区(美丽乡村)如图 1.12 所示。

图 1.11　城市中的污染

(a)空气污染;(b)水污染;(c)土壤污染;(d)噪声污染

图 1.12　美丽乡村

(a)美丽乡村(一);(b)美丽乡村(二)

1.2.2　内涵与特点

1. 生态宜居的内涵

　　生态宜居的实质就是促进社区人居环境的全面发展。人居环境包含了人口、资源环境、社会政策和经济发展等各个方面,共有五大系统:自然系统、人类系统、社会系统、居住系统(建筑物)、支撑系统(网络)。其中自然系统和人类系统是两个基本系统,居住系统和支撑系统是人工创造与建设的结果。

自然系统是重要前提,就整体生态学而言,人是自然的一部分,自然系统是人类赖以生存的基本条件,人与自然的和谐共生是一切发展的前提;人类系统是根本,人的物质、心理、行为等方面的需求与特征,决定着人类系统与其他系统的关系;社会系统是指人类相互交往的体系,包括社会关系、文化特征、经济发展等,是人类聚居生活的重要归属;居住系统是物质基础,是指人类改造自然、利用自然,创造适宜自身生存与发展的环境;支撑系统同样也是物质基础,主要包括人类住区的基础设施。

五大系统构成了人居环境的各个方面及相互的支撑与限制原则。回归到社区的层面,生态宜居社区在遵循五大系统的原则下,内容主要涵括了居住环境、社会环境、经济环境三大主体的健康发展与全面繁荣,如表 1.2 所示。

表 1.2　生态宜居的内涵

三大主体	生态宜居的内涵
居住环境	生态优先的自然环境
	高效、节约的土地利用,多样、有机的宜人布局
	舒适、环保、经济的优质住宅
	以步行为主,安全、温暖的公共空间
	方便的学校、医疗、银行、商店等公共服务设施
	功能混合,商业、文化、娱乐、运动等配套完备
	以公共交通和步行为主导,通达便利的交通
	内涵丰富、具有特色的社区景观
社会环境	和谐公平的社会关系
	积极有效的公众参与和社区自治
	人际和谐、友好亲密的邻里关系
	丰富活跃的社区活动
	强调培育地方文化特色及社区精神
	安全并有社区归属感
经济环境	注重社区产业结构的科学规划与实施
	创造有特色、无污染的地方经济
	实现居住与就业的平衡
	强劲的经济活力

2. 生态宜居的特点

1) 和谐性

人与自然、人与人之间和谐共处,自然与人共生,人类回归自然是生态宜居社区要实现的最终目标。人类自觉尊重和保护环境,以及人类价值观、素质和健康水平的大幅度提高,使得彼此互相关怀、相互尊重、人人平等的氛围更加浓郁,这种和谐统一是生态宜居社区的核心内容。

2) 高效性

高效性主要是指采用可持续、可回收的生产和消费模式,强调经济发展的质量和效率同步进行,努力提高资源的循环利用水平,实现自然资源由"外化"生产向"内化"生产转变。

3) 持续性

可持续生态社区以可持续发展理念为指导,以保护自然环境为基础,最大限度地提高生态系统的稳定性,保护生命支持系统及其演变过程,确保人类发展活动不超过环境承载能力的限制,合理分配资源,平等对待后代和其他物种的利益。

4) 整体性

生态宜居社区不仅追求环境优化和自身繁荣,还追求社会、经济和环境的整体利益;不仅注重经济与生态和谐发展,更旨在提高人类的生活质量。生态宜居社区所寻求的发展是建立在整体协调新秩序的基础上的,它强调在新的时空协调秩序下人类和自然系统的共同发展。

5) 全球性

生态宜居社区的价值导向是人与人、人与自然的和谐相处。从广义上讲,要实现这一目标,就需要人类共同合作。因为我们只有一个地球,我们是"地球村"的主宰者,为保护人类生活的环境及其自身的生存发展,全球人类必须团结统一、加强合作,共享技术与资源。

根据上述生态宜居社区的主要特征,可以构建其系统特征的概念模型,如图1.13所示。在这种模式中,自然是基础,经济是支柱,社会是支撑和压力,最终要实现三者的和谐。

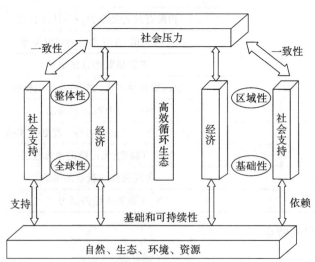

图 1.13 生态宜居社区概念模型

1.2.3　政策与保护

为建设生态宜居的村镇社区,住房和城乡建设部多次明文规定并鼓励各地采取实际措施,并通过申报、评选、奖励、资金支持等方式,推进生态宜居村镇社区建设,如表 1.3 所示。

表 1.3　政策与保护

时间	内容
2014 年	住房和城乡建设部公布了《住房城乡建设部关于建立全国农村人居环境信息系统的通知》
2015—2017 年	住房和城乡建设部办公厅连续公布了《住房城乡建设部办公厅关于做好××××年全国农村人居环境调查工作的通知》
2016 年	住房和城乡建设部等部门公告了《住房城乡建设部等部门关于开展改善农村人居环境示范村创建活动的通知》
2014—2018 年	住房和城乡建设部等部门连续发布《住房城乡建设部等部门关于公布××××年改善农村人居环境示范村名单的通知》
2015—2018 年	住房和城乡建设部官方网站累计发布 20 余条关于生态宜居及村镇生态建设的相关政策及法规

1.2.4　研究目的与意义

1. 研究目的

随着村镇居民问题的出现,越来越多的学者和专家提出了生态宜居性。追求高适应性、人性化及生态和谐已成为居住区发展的必然趋势。

1) 提出生态宜居村镇社区建设的规划理念

社区是人类聚居的一种组织结构,是从社会学角度理解的居住区。以居住为主导功能的社区生动地演绎着人类聚居的内涵,有着丰富的内部结构和多面的外部联系。

村镇作为我国行政区划的基本单位,容纳着大量人口。而作为社会的重要基础组成单元,村镇社区是社会问题及矛盾最敏感、最集中体现的地方,也是社会整合、发展的主要载体,所以村镇社区承载着人们居住、工作、生活、娱乐等重要功能。由于我国在村镇社区生态建设方面的理论研究与实践经验尚不成熟,村镇建设风格日益趋于城市化,生态环境遭到极大的破坏。因此,在村镇建设宜居社区的过程中,要注重设计水平,丰富村镇的发展模式,否则会使得村镇社区的建设千篇一律,没有特色可言。

2）研究生态宜居村镇社区更完善的规划设计方法

从生态功能和人文保护的角度来看,我国农村居住区的建设方向应该是农村建设、小乡镇农村化、大城市小城镇化;从生态建设的角度出发,生态宜居村镇社区应将可持续发展战略融入设计中,尊重自然生态环境的演变,根据当地情况,创新设计智能宜居乡镇社区,实施"以人为本"的设计理念,营造具有人性化空间尺度生态特征的社区环境,让农村居住环境更具文化色彩,传承时代的景观特色。

3）展现和保护村镇社区传统景观风貌和地方特色

对乡村自然生态和地方特色景观进行展示。通过规划设计及生态景观设计,整合生态资源,打造生态特色,对社区中的各类公共服务设施和规划设计等进行整合、统筹安排,为民族聚居的居住区创造出城市没有的特色生态和人文景观,并且通过对绿色生态的挖掘和塑造,提升村镇社区的魅力。

4）探索实现村镇可持续发展的建设途径

随着时代的更新演替,安居乐业已成为新时代新农村建设和改善农村民生的重要目标。我国的住宅社区在以惊人的速度开发建设,城市资源浪费、能源危机、环境恶化、交通拥堵、居住质量差、人际关系冷漠等显然都不是我们的愿望。如今我们急迫地需要反思并避之,我们需要借鉴经验,分析自身与时代的特点,思考新的村镇社区发展建设之路。

2. 研究意义

1）理论意义

生态宜居村镇社区建设理论是近年来规划学科的前沿理论,对生态宜居村镇社区内涵及规划设计理论研究进行正确认识是生态宜居村镇社区规划理论研究的趋势。对社区的结构、功能及其与外部环境的关系进行深入研究,并对生态宜居村镇社区的建设与发展规律进行整体把控,从而提高施工效率,促进生态规划设计的发展,为加强社区管理和探索新的生态宜居村镇社区建设提供思路与模式。

2）现实意义

社区是组成社会最基本的单元,也是社会矛盾最为集中的地方。随着大量居住社区的发展和建设,我国乡镇社区规划面临新的挑战,即发展中国家城市地区无限扩散和城市人口恶性扩张的问题。本书从村镇宜居性的角度探讨城市发展道路,从微观角度考虑宏观规划,可以为村镇社区的发展建设提供一定的参考依据。

1.3　规划设计的内涵与实践

1.3.1　概念与起源

1. 规划设计的概念

城市规划是在项目定位的基础上,对其进行总体上的设计及较具体的规划,使其功能、风格符合定位。城市规划包含城市各功能系统的合理调整、城市形态与景观环境的塑造、人居环境可持续发展等方面内容。

2. 规划设计的起源

强调战略思想和整体观念、强调城市与自然结合、强调严格的等级观念是我国古代城市规划设计的核心理念。在战国时期,大小城制度普遍被列国都城采用,彰显了"筑城以卫君,造郭以守民"的要求。长安城的建设成就是唐代灿烂文化的重要组成,影响着古代日本和朝鲜等国的首都建设。宋代开封城在中国首都建设史上的重要性在于它是按照指令进行有规划的扩建,后来商品经济的发展导致了历时数千年的城市体系的逐渐消亡。北宋中期,开封城形成了更加开放的街道体系,塑造了中国封建社会晚期的城市结构。元大都的规划采取了春秋战国时期理想之都的规划思路,同时也进行了因地而异的处理。从大都市转变而来的明代北京城,可以说是中国古都规划设计的杰作。清代,北京郊区的花园和宫殿大力运作,使北京成为中国封建时代规划和建设的最辉煌典范。

第二次世界大战以后,《雅典宪章》的基本原则并没遭到舍弃,相关的城市规划设计家在一些重大问题上进行了更新和补充,从而造就了 1977 年的《马丘比丘宪章》。这两个章程是对两个不同历史时期城市规划和设计理论的总结,其对世界各地的城市规划和设计都产生了相当大的影响。

3. 生态宜居与规划设计的联系

生态宜居村镇社区已成为城市规划中不可或缺的部分。生态宜居村镇社区符合可持续发展的要求,生态宜居村镇的规划设计和可持续发展密不可分。生态宜居村镇社区建设以人为本,迎合城市规划设计的主导思想。生态宜居村镇社区规划顺应潮流,注重城市的长远发展,是城市建设理论和发展的正确方向。生态宜居村镇社区可以有效解决现代城市发展面临的诸多问题,协调解决人、经济和环境之间的矛盾。

1.3.2　内容与程序

可以从宏观、中观、微观三个层面来理解和分析宜居型社区的内涵。从宏观层面上看,宜居社区应该具有良好的环境,包括自然生态环境、社会和人文环境及人造建筑设施环境;从中观层面上看,宜居社区应具有环境优美、规划设计合理、生活设施齐

图 1.14 生态宜居村镇社区
基本构成要素

全、社区和谐的特点;从微观层面上看,"宜居"仅仅指适宜居住,因此宜居社区应在单体建筑物内拥有良好的生活环境,包括合适的居住面积、合理的住房结构、先进的卫生设施,以及良好的通风、照明和隔音。从总体上看,宜居社区具备了"人与自然和谐、安全、卫生健康、方便生活、出行便捷、睦邻友好"的特征。因此,宜居社区的理念代表了当前对社区规划和设计的愿望及探索的方向,如图 1.14 所示。

1.规划设计的内容

1)绿地系统规划

绿地系统规划是对各种绿地进行统一规划、系统考量、合理安排,形成有序的布局形式,以实现绿地所特有的保护生态、生活需要,改善环境的功能。

绿地系统规划的工作范畴主要包含两个层面:规划和控制各类绿化用地,即在确保绿化土地数量的同时,形成合理的绿地布局;对城市的主要绿地进行系统规划,如公园绿地、保护绿地、城市减灾绿地和绿化区等。

2)健康住宅建设

健康住宅的核心是人、环境和建筑。健康住宅的目标是全面提高生活环境质量,满足生活环境的健康性、自然性、环保性、亲和性和行动性。室内外人居环境的健康性、自然环境的亲和性、住区的环境保护和健康环境的保障是健康住宅评估的四大因素。

(1)人居环境的健康性

人居环境的健康性主要是指影响室内外健康、安全和舒适的因素,如图 1.15 所示。在室外环境中强调充足的阳光、自然风、水和植被保护,以避免噪声污染,并具有防灾救灾、促进人际交往、保护人文习俗、尊重老年人、爱护年轻人及实施无障碍原则的条件。要求强调最小生活空间区域的控制标准,尊重个性,确保居住隐私;实施公私分区的住宅设计,住宅的可改性、设备管道的布局严格满足规范要求。对于房屋的室内环境,通风换气应畅通无阻,以防止室内污染和病原体的侵入。重视装饰材料的无害化,控制各种建筑材料的放射性污染物和化学污染物,如甲醛、氨苯和各种具有挥发性的有机化合物。

(2)自然环境的亲和性

对大自然的向往人皆有之。然而,村镇建筑的扩散、自然空间的萎缩和气候条件的恶化削弱了人们对自然的向往。提倡自然并创造条件让人们接近自然和亲近自然是健康住宅的主要任务。谈论自然的亲和力,有必要在施工期间保护和合理利用地形、森林植被和水源河等自然条件,扩大人与自然的关系,让人们感受到真实的自然,如图 1.16 所示。同样,水、阳光、空气和自然风也很有价值,应该充分组织和利用,采取有效措施进行大气净化、水土改造、水资源再利用和水土保持。

图 1.15　舒适的人居环境　　　　　图 1.16　优美的自然环境

（3）住区的环境保护

住区的环境保护是指保护住区的视觉环境，包括污水和中水处理、垃圾收集、废物处理和环境卫生等。主要从环境的卫生、清洁和美观的角度出发，在景观和色彩上保持明亮且协调一致。居住区既要具备个性和感染力，又不能缺乏文化性和传统性。对于活水和雨水的处理，除了达到标准，还要强调污泥的综合利用，减少泥浆的用量。虽然垃圾分类和装袋的工作量很小，但具有深远的意义，体现着居民的文明行为，如图 1.17 所示。

（4）健康环境的保障

健康环境的保障主要是为了保护居住者自身，包括医疗保健系统、家庭服务系统、公共健身设施和老年人娱乐活动设施。这些服务系统的创建在改善社区生活质量方面发挥着重要作用。健康行动是公众参与的行动，是健康环境不可分割的一部分，如图 1.18 所示。

图 1.17　村镇社区垃圾分类　　　　图 1.18　村镇社区娱乐活动

3）开敞空间建设

在当前倡导的生态和可持续发展中，开敞空间几乎全都转向了"绿化"，广场、公园、公共绿地和滨水区构成了点、线、面相结合的主要绿色开敞空间。这些生态系统中最主要的元素，在水土保持、蓄水和防洪、温度调节、空气净化、固碳吸氧、降尘和降噪方面发挥着重要作用,它们改善了区域小气候,有效地调节了生态环境。

(1)辐射功能

在村镇建设发展中,新村镇的建设需要积累人气,老村镇的更新需要注入活力,开敞空间良好的社会环境辐射作用日益显著[见图1.19(a)]。如今,开敞空间远远超越了其物理空间的功能,反映了更多的社会和文化辐射功能,成为村镇的商业、文化和娱乐中心,提升了周边地价和人气,振兴了村镇的街区。

(2)景观功能

开敞空间不仅是一种场所,更是一种展示村镇形象和外观的观景平台[见图1.19(b)]。开敞空间拥有优美的环境及标志性的雕塑和建筑,具有浓厚的艺术感和吸引力。公共绿地中的岩石和雕塑,滨水区域的自然护岸及充满当地气息的绿化,以其浓浓的绿意为单调的村镇景观注入了生机与活力。

(3)休憩娱乐

人们在开敞空间的主要活动是放松身心、与同伴见面和欣赏景色,开敞空间周围的商业设施增强了其休闲和娱乐功能[见图1.19(c)]。

(a)

(b)

(c)

图1.19 开敞空间建设

(a)辐射功能;(b)景观功能;(c)休憩娱乐

2. 规划设计的程序

生态宜居村镇社区规划设计从战略策划到编制具体的规划设计施工方案,有一套严密、合理的操作流程,如图 1.20 所示。

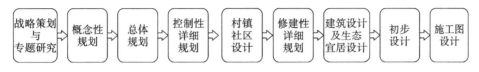

图 1.20　规划设计程序

1）战略策划

在对国家及地区宏观发展背景、上位规划、旅游市场、存在问题分析的基础上,对村镇社区发展的战略思想、战略定位、战略目标、战略重点和发展策略进行谋划。

2）专题研究

为了增进规划设计的合理性和科学性,结合村镇社区的区位特征、人口规模、功能业态分布及发展定位等情况,展开专题研究。

3）概念性规划

从村镇社区的综合发展目标和发展战略出发,提出具有创新性、指导性和前瞻性的规划理念及方案。强调内容简化,注重长远效益和整体效益。

4）总体规划

对村镇社区的用地性质、发展目标、人口规模、土地利用、空间布局及各项建设进行综合性部署,主要任务是划定用地范围和空间布局,并安排基础设施建设内容。

5）控制性详细规划

把村镇社区土地利用的性质和使用强度确定为控制指标（如建筑高度、容积率、绿地率、建筑红线等）,确定道路和管网控制性位置、空间环境控制的规划要求。

6）村镇社区设计

村镇社区的范围或规模可大可小,依实际建筑体量制定,从三维空间架构出发,包括村镇内外部空间的安排和设计、街道弄巷的改善、历史街区或建筑物的保留维护,甚至景观小品的设计等。

7）修建性详细规划

在总体规划、控制性详细规划和村镇社区设计的基础上,进一步深化、完善、指导各类建筑和工程设施的设计与施工。

8）建筑设计

建筑设计即提出设计方案,根据要求和收集到的必要基础资料,结合村镇社区基地环境,综合考虑技术经济条件和建筑艺术的要求,突出村镇社区的生态性和宜居性,结合政策法规,对建筑总体布置、空间组织进行可能和合理的安排,并提出设计方案。

9）生态宜居设计

在一定的地域范围内，运用建筑艺术和工程技术手段，通过改造地形、种植树木与花草等建设方法，营造建筑和布局道路等途径，建成节约集约、生态宜居及和谐发展的新型村镇社区。

初步设计和施工图设计的相关内容见后文。

1.3.3　原则与目标

1. 规划设计的原则

建设生态宜居村镇社区是本着以人为本的原则、直接落实科学发展观的实践，是一项统筹全局的工程建设项目。把生态宜居定为村镇社区建设的奋斗目标，力求规划设计能够满足居民健康生活和发展的需求，应遵循以下原则。

1）以人为本，面向大众

生态宜居村镇社区的建设，应该以提升居民的健康生活为出发点，并以促进人的全面发展为落脚点。

2）人人参与，共建共享

在生态宜居村镇建设的过程中，要充分发挥政府部门的主导作用，积极动员全民共同参与建设，确保每个人在参与规划设计的同时也能共享建设结果。

3）突出特色，夯实基础

对具有区域特色的生态宜居规划项目进行探索，应综合考虑村镇社区的地形地貌等自然环境因素和区域规划现状，加强基础设施规划设计，逐步完善生态宜居村镇社区的建设。

2. 规划设计的目标

居住区宜居规划设计要求从不同层次的宜居需求出发，对居住区规划设计内容进行系统分层，在保证完全满足居民最基本的生理需求和安全需求的基础上，体现其他更高的宜居需求，反映出宜居规划设计的层次性、条件性、多样性、动态性，指引人们不断追求和实现宜居的居住区。

1）通过项目建设促进生态宜居村镇的整体发展

生态宜居村镇社区的建设应以建设相关项目为出发点，逐步对其规划内容和条目进行分解细化，从具体的工程实践项目入手，提高项目建设的针对性，最大化地促进生态宜居村镇社区的整体发展。

2）以环境建设为切入点

由于居民的健康生活水平和生活环境与基础设施紧密联系，故应把生态宜居村镇社区的规划内容作为建设依据，对村镇社区进行专项的生态工程建设，以最大化地完善居民生活的环境，从而完成生态宜居村镇社区的建设目标。

3）科学规划，和谐共存

通过科学的规划设计，达到人与自然、人与环境的和谐共存。

1.3.4　成果与价值

1. 规划设计的成果

1）概念设计

最佳的设计往往是通过概念设计来实现的,而概念设计又往往先于初步设计,它协调了建筑功能、结构功能、造型美观和建造条件之间的关系,是整个设计工作的灵魂。

概念设计是依据理论研究成果和工程实践等形成融合的基本设计原则和设计思想,对建筑结构进行总体布局并准确地确定建筑细部构造。

概念设计是建筑概念设计和结构概念设计的总和。建筑概念设计是对总建筑方案进行优选,看是否满足建筑使用功能且造型优美、技术先进的要求;结构概念设计是在具有整体概念的特定建筑空间中设计整体结构。

概念设计成果应包括规划设计背景、用地现状分析、规划设计依据、规划目标、规划原则、规划特色、规划布局;道路、市政设施、景观、建筑规划说明;建设成本测算;规划用地平衡分析、经济技术指标分析。

2）方案设计

建筑方案设计是建筑设计的初始阶段,是最具创造性的一个关键环节,为初步设计、施工图设计奠定了基础。建筑方案设计工作特征包括创造性、综合性、二元性、过程性和社会性五个方面。

（1）创造性

建筑设计是一种创造性思维活动,由于建筑功能、地段环境及主观需求变幻莫测,要想灵活解决具体矛盾和问题,把所有的条件、要求、可能性等物化成为建筑形象,只有依赖建筑师的创新意识和创造能力才能实现。

（2）综合性

建筑设计是一门综合性学科,是一项非常复杂和全面的工作。除了建筑本身,它还涉及许多内容,如结构、材料、经济、社会、文化、环境、行为和心理学等。同时,建筑物的类型也各不相同。

（3）二元性

建筑设计思维活动具有二元性,其是逻辑思维与形象思维的有机结合。建筑设计思维过程表现为"分析研究—构思设计—分析选择—再构思设计"的递进式上升过程,在每一"分析"阶段所运用的逻辑思维方式主要是分析概括、总结归纳、决策选择等;而在各"构思设计"阶段,主要运用的是跳跃式形象思维。

（4）过程性

建筑设计思维活动是一个从浅到深、逐层递进的过程。在整个设计过程中,我们必须始终进行科学、全面的分析和研究,并进行深入大胆的思考,还要不懈地审查、修改、发展和改进。

（5）社会性

建筑设计必须协调平衡建筑的社会效益、经济效益与个性特色之间的关系,在设计过程中需要对各种关系进行把控,满足各方面的要求。

3）初步设计

初步设计是将方案设计阶段的思路进行设计与实现的过程,但因设计深度的限制,初步设计很大程度上更接近草图。初步设计是基于批准的可行性研究报告或设计任务书而编制的初步设计文件。初步设计文件包括设计规范(包括每个专业的总体设计说明和设计规范)、设计图纸、主要设备和材料表格、项目预算等。

4）施工图设计

施工图设计是初步设计后的工程设计阶段。在这个阶段,设计师的意图和所有设计结果主要通过图纸表达,它是设计和施工工作联系的枢纽。设计成果包括图纸及目录、设计说明、材料表、所需的项目预算。施工图设计文件应满足设备材料采购、非标设备生产和施工的需要。

2. 规划设计的价值

1）紧凑有效地利用土地

对于人类来说,土地无疑是最重要的有限资源,但目前的土地开发模式还未达到可持续发展的要求。例如,北京核心区的功能布局过于密集,城市设施和环境不符合世界城市标准,如图 1.21 所示。随着人们生活水平的提高和经济的快速增长,城市发展占用的土地将进一步显示出不可避免的扩张趋势。土地最有效的利用可以通过两种途径实现:一是改造旧城,提高旧城的绿化率,使之适宜居住;二是对农业用地、生态居住区和公共区域进行保留。可持续发展模式不仅关注土地利用的具体变化,更重要的是关心人与土地关系的变化,尊重土地本身的价值,重新审视人与土地之间的关系。

2）合理利用能源资源

重视能源和材料在人类社会的流动。能源的节省和材料的再利用,对于普通居民来说,在日常生活中就可以做到,如使用节能灯管和节约用水等。建筑节能也是合理利用资源的一个重要方面。总之,我们必须改变一次性能源消耗状况,并尝试采取措施促进能源再利用和循环利用。例如,日本北九州生态城社区的电力由风车提供,温水由太阳能提供,建筑物外的地面具有良好的透水性,使雨水能够渗入地下,如图1.22 所示。

图 1.21　北京密集功能区　　　　图 1.22　日本北九州生态城

3）恢复自然生态系统

城镇区域中几乎完全被人工制造的人行道和建筑填充，一般的广场中已没有本地的植被。然而在很多地方，原始的生态因素还是被发掘了，这样的因素能够提升城镇的"宜居性"，促进区域的生态健康发展。如德国的海尔布隆市在既有的砖瓦厂旧址上修建了一个砖瓦厂公园，如图 1.23 所示。在砖瓦厂停产至建公园前的 7 年闲置期间，政府对该地段生态系统进行了修复处理，部分昆虫和鸟类开始回到这里安居，设计师充分保留旧址原貌，并对湖泊、湿地及水生植物进行了保留，现在该公园已广受不同阶层人们的喜爱。

4）改善社会生态环境

社会生态相对于自然生态来说更难以把握。有些问题是显而易见的，而有些问题则是隐形的，但它们都会降低社区整体的居住性。推动健康的社会生态发展就意味着每一个社区居民都应享有平等的权利，尤其要重视那些弱势群体的权利。

5）保护传承地域文化

城镇的魅力在很大程度上取决于当地的传统文化和人地之间的独特社会关系，应充分利用区域环境，使生活环境具有地方活力，让人们幸福地生活。这样该地域的历史、文化增强了可持续性，同时地域文化的精华也得到更多保护。例如北京菊儿胡同住宅建筑群就是保护传承建筑文化的典型案例，如图 1.24 所示。

图 1.23　德国砖瓦厂公园　　　　　　图 1.24　北京菊儿胡同住宅建筑群

第2章　生态宜居村镇社区规划设计机理

2.1　村镇社区规划设计理论基础

2.1.1　可持续发展理论基础

1. 可持续发展理论的背景

随着全球环境的持续恶化,社会经济发展逐渐受到影响,经过20多年的探索,人们逐步形成了可持续发展理论。1962年,美国科学家蕾切尔·卡逊出版了《寂静的春天》一书,人类的生态意识开始萌芽;1972年,美国的德内拉·梅多斯等人出版的《增长的极限》一书明确指出,地球的生态承载力有限,人类应该重视对生态环境的保护,否则将造成"零增长";同年,伴随着《联合国人类环境会议宣言》的发布,以及在斯德哥尔摩发表的关于生态环境的报告,世界各国开始逐渐重视对生态环境的保护,并且在环境问题上达成共识;1982年,美国世界观察研究所所长莱斯特·R·布朗出版《建设一个可持续发展的社会》一书,他认为目前人类急需建立一个可持续发展的社会;1983年,联合国大会决定成立世界环境与发展委员会,主要负责为全球环境治理制定变革日程;1987年联合国世界环境与发展委员会通过《我们共同的未来》报告,该报告明确提出可持续发展的基本思想,明确可持续发展的基本内涵,并且认为环境及发展是密不可分的整体。

2. 可持续发展理论的概念

关于可持续发展的概念,《我们共同的未来》中有明确定义,即在不损害后代人利益的同时,满足现代人类需求。在该定义中,可以将可持续发展概念分为两个方面来阐述:其一,我们不应该以损害后代人利益为代价,要考虑环境限度,不能无止境地开发;其二,人类,特别是处于贫困中的人类需要发展。

随着可持续发展理念的提出,自1992年的联合国环境与发展大会之后,世界各地都非常重视可持续发展问题,目前可持续发展已成为未来人类社会发展的必然走向。关于可持续发展的基础理论和核心理论,如表2.1和表2.2所示。

3. 可持续发展理论的内涵

①基于对生态环境的保护而提出的可持续发展理念,不应与环境承载力极限相冲突。

表 2.1 可持续发展的基础理论

基础理论	主要内容
经济学理论	增长的极限理论:运用系统动力学的方法,将支配世界系统的物质、经济、社会三种关系进行综合,人口不断增长、消费日益提高,而资源则不断减少,污染日益严重,制约了生产的增长 知识经济理论:经济发展的主要驱动力是知识和信息技术,知识经济将是未来人类可持续发展的基础
生态学理论	根据生态系统的可持续要求,人类的经济社会发展要遵循生态学的三个原理,即高效原理、和谐原理、自我调节原理
人口承载力理论	地球系统的资源与环境,由于自身组织与自我恢复能力存在一个阈值,在特定技术水平和发展阶段下对于人口的承载能力是有限的,所以人口数量及特定数量人口的社会经济活动对于地球系统的影响必须控制在这个限度之内
人地系统理论	人类社会是地球系统的主要子系统。人类社会的一切活动,包括经济活动,都受到地球系统的影响;而人类的社会活动和经济活动,又直接或间接影响地球系统的状态

表 2.2 可持续发展的核心理论

核心理论	主要内容
资源永续利用理论	人类社会能否可持续发展取决于人类社会赖以生存发展的自然资源是否可以永远地使用下去
外部性理论	环境日益恶化和人类社会出现不可持续发展的根源,是人类把自然视为免费享用的"公共物品",不承认自然资源具有经济学意义上的价值,并在经济生活中把自然的投入排除在经济核算体系之外
财富代际公平分配理论	人类社会出现不可持续发展的根源是当代人过多地占有和使用了本应留给后代人的财富,特别是自然财富
三种生产理论	人类社会可持续发展的物质基础在于人类社会和自然环境组成的世界系统中物质的流动是否通畅并构成良性循环。人与自然组成的世界系统的物质运动分为三大生产活动,即人的生产、物资生产和环境生产

②可持续发展应建立在经济增长的基础上。在保证经济快速增长的同时,注重改变经济增长方式,放弃传统的对环境造成极大破坏的粗放型方式,转而追求经济的高效率增长,在发展过程中尽最大可能减少对生态环境的破坏。

③可持续发展的目标是促进经济发展,提高人民生活质量,该目标应与社会发展同步。虽然目前世界各国发展阶段不同,所追求的发展目标也千差万别,但改善人民

生活质量是共同的发展内涵。

④环境资源的价值是可持续发展概念中极其重要的一部分。环境资源价值主要体现在两个方面:首先,它是经济发展的重要支撑;其次,它对人类生命存在也起到了不可或缺的作用。

⑤发展与环境保护应作为整体加以考虑,这是可持续发展的基本内容,也是其追求的基本目标之一,同时也是衡量社会经济发展水平、发展质量及发展状态的重要尺度。

2.1.2　新城市主义理论基础

1. 新城市主义理论的背景

随着城市规模的持续扩大,政府的财政负担也越来越重。20世纪90年代初,社会各界相关人士提出了一系列改革措施以阻止这种情况进一步恶化,并提出了许多新概念、新举措,其中影响较为深远的是新城市主义理论。

新城市主义有许多特征,主要体现为三点。其一,新城市主义注重提高人们的生活质量,追求对人居环境的改善和生态适宜度的提高。其二,目前的城市规划仍遵循传统的新城模式,但是随着现代信息技术的发展,以及新元素的不断涌入,城市发展规模和空间越来越小;新城的选址以社会的需求为基础,具有较大潜力,能够在短时间内成为城市发展的新中心,与现有城市相对抗,从而带动地区经济的发展,成为该区域经济提升的新增长点;在工作条件和居住条件的平衡下,不再以自足性和综合性为主要衡量目标,反而更加重视独特性。其三,从可持续发展的角度强调对城市生态环境的改善,主要包括人类与其他生物、环境及土地之间的和谐、永续发展。新城市主义设计理论框架如图2.1所示。

2. 新城市主义理论的概念

将传统城市规划理念与生态宜居理念相互结合,即形成了新城市主义(New Urbanism)的核心思想。该思想可以扭转现代城市无序蔓延的恶性循环,遏制不良后果,建设一个生态环境优美、用地集约、适宜居住的城市环境。由于新城市主义的核心思想与美国社会追求可持续发展和生态发展的基本理念不谋而合,从而得到了美国社会的广泛关注,因此在商业上取得了较好的效益,成为美国城市规划设计的主要流派,在近20年来一直指导美国城市发展,并且逐渐影响北美其他国家和世界其他地区。新城市主义设计实例如图2.2所示。

3. 新城市主义理论的内涵

新城市主义包括27条原则,以宪章形式提出,主要包括三个层面,即区域层面(如大都市区)、城镇层面(如邻里街坊)和城区层面(如街区),这三个层面系统阐述了城市规划设计的基本思想。新城市主义宪章融合了经济的多元性和区域的特性,这种融合使其城市规划突破了传统城市规划的界限,不再局限于简单的形体设计领域。新城市主义主张不同阶层、不同收入、不同种族能够平等地具有支付住宅的能力。这

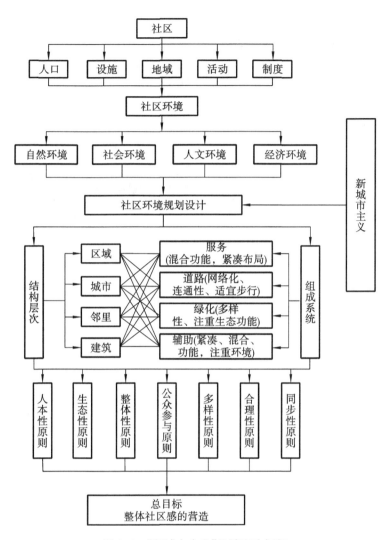

图 2.1　"新城市主义"设计理论框架

需要在同一地块上既包括高昂的单体建筑,又包括价格相对低廉的公寓建筑,从而保证为有能力购房的人群提供房屋,同时为需要租赁房屋者提供住宅租赁。除了税收公平和住宅多样性外,新城市主义中的区域性还体现在划定都市增长区,通过划定区域,指出了都市增长区应该出现的位置及如何促进增长区与区域整体融合发展。

1) TOD 模式

以公共交通为导向的开发(transit-oriented development,简称"TOD")模式是指在一定的步行半径范围内,涵盖中高密度住宅及相关的公共用地、商业服务等内容。这一发展模式主要体现在两个层面:其一,在邻里层面上,主要强调为居民创造良好的步行条件,减少对汽车的依赖,为生态环境的改善及生活质量的提高提供可能;其二,在区域层面上,鼓励采用 TOD 模式,引导公交干线或者支线在区域层面上呈节

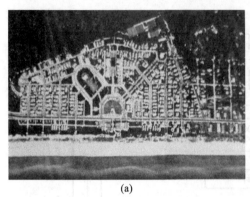

(a)　　　　　　　　　　　　　　　(b)

图 2.2　新城市主义设计实例

(a)总平面图；(b)局部俯视图

点状分布,逐步形成网格状结构,保证城市交通的整洁有序。为了阻止城市的无序蔓延和恶性循环,还应结合生态宜居保护要求,设置城市增长界限。TOD 模式设计实例如图 2.3 所示。

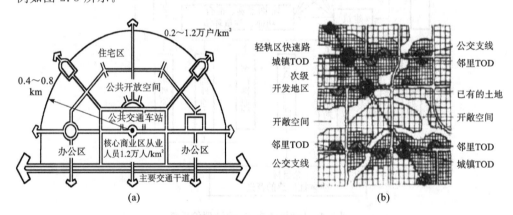

(a)　　　　　　　　　　　　　　　(b)

图 2.3　TOD 模式设计实例

(a)TOD 邻里社区；(b)TOD 模式图解

2) TND 模式

传统邻里开发(traditional neighborhood development,简称"TND")模式以邻里为单位,相互之间通过绿化带分隔。其设计的重点之一是住宅的后巷,该区域也是邻里交往的主要场所;在区域的中心部位布置商店、公交站、幼儿园及相关会堂;为了满足不同收入人群的住房需求,每个邻里单位内包括多种类型的住宅。与 TOD 模式相比,该模式通过网状的道路交通系统将各单元联系在一起,因为联系紧密的道路能为人类的出行提供多种可能,方便人们的日常生活,同时也避免了交通堵塞。TND 模式图解如图 2.4 所示。

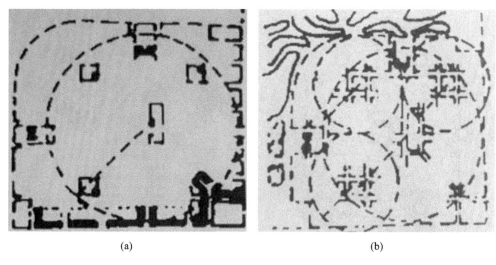

(a)　　　　　　　　　　　　　　(b)

图 2.4　TND 模式图解

(a)邻里简图;(b)城市简图

2.1.3　田园城市理论基础

1. 田园城市理论的背景

18 世纪后期,以英国为代表的西方国家实施的工业革命极大地促进了生产力的发展,城市化水平有较大提高,但同时也给生态环境带来了巨大的破坏。一方面,由于乡村人口不断涌入,城市用地规模急剧增加,城市边缘不断向外蔓延,市政基础设施和公共服务设施难以承受巨大的人口压力,进而引发了一系列污染问题、人居环境恶化问题等;另一方面,由于乡村人口减少,城乡之间的平衡被打破,在工业文明的冲击下,农业文明日渐衰落,导致乡村地区逐渐萧条。

为了解决上述问题,英国人做了大量的努力。1898 年,埃比尼泽·霍华德在《明日:一条通向真正改革的和平道路》一书中提到,希望构建一种田园城市,通过和平的方式来解决城市和生态环境之间的矛盾及问题。

2. 田园城市理论的概念

为了解释和分析乡村人口向城市集聚发展,进而造成城市人口膨胀、乡村人口急剧减少的社会问题,霍华德引入引力的概念,认为导致人口向城市集中的原因都可以归咎为引力的作用。他认为,工业和农业、城市和乡村之间是不可分割的,两者紧密联系,并非一定要在城市和乡村之间作出选择。他提出"三磁铁"理论,如图 2.5 所示,他认为城市和乡村之间应该相互结合,彼此借鉴优点,从而创造出一种新的社会形态。

在霍华德的"三磁铁"理论中,城市丰富的物质生活吸引着乡村人口向城市集聚,而能够吸引城市居民的只有乡村的田园风光。因此,他的田园城市理论认为,应该将城市的优点和乡村优美的自然风光相结合,只有这种"城市+田园"的组合方式才能

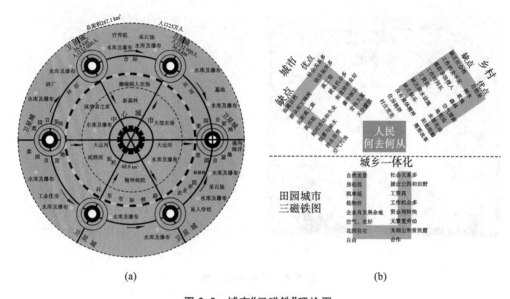

图 2.5 城市"三磁铁"理论图

(a)中心城市辐射乡村;(b)城市与乡村结合

将二者的优点和谐地组织起来。不仅如此,他还绘制了他心目中的理想城市,如图 2.6 所示。

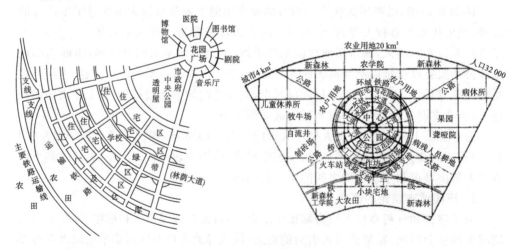

图 2.6 田园城市理论框图

(a)城市与田园结合;(b)理想城市草图

　　城市人口达到一定的数目,则意味着一个田园城市的形成,若干个田园城市围绕着某一个中心城市形成的城市群则是社会城市。各个城市和城市群之间通过铁路和公路联系在一起。中心城市的规模较周围田园城市大,在城市中心布置有大量公共服务设施,从中心城市开始形成 6 条放射性线路,该线路将城市划分为不同的组团。

3. 田园城市理论的内涵

田园城市理论自诞生以来,经过100多年的发展,经久不衰,并在城市规划学界得到广泛传承,这种理论体现了可持续发展理念。尊重自然是该理论重要地位形成的主要原因。

霍华德在田园城市理论中,着重表达了自己对田园风光的赞美和推崇。一方面,他加强了对城市周边乡村地区农田的保护,这种保护使城市居民可以近距离地感受乡村生态环境之美;另一方面,注重对市政基础设施进行生态化改造,在城市中心地区建设花园、绿地等,并且在城市道路两旁栽种行道树。在紧邻公园、花园或者绿地的地方建设学校,通过生态环境美化建筑环境,从而实现住宅和公共建筑的园林化发展。

2.2 村镇社区规划设计理论实践

2.2.1 可持续发展理论实践

1. 国外村镇社区规划理论实践

1)项目概况

哈马碧湖区,如图2.7所示,位于瑞典斯德哥尔摩市中心东部,1920年被誉为"大自然的平静乡村",几十年后则被讥为"瓦楞钢棚户区"。而在21世纪的短短数年,哈马碧湖区已成为环境友好型社区,也是全球少数可持续发展社区的典型之一。

(a)   (b)

图 2.7 哈马碧湖区

(a)社区外景(一);(b)社区外景(二)

哈马碧湖区之所以取得成功,主要是因为以生态为中心的建设规划,在开发过程中各管理部门均制定了详细的生态环境保护治理措施,实施生态循环方法。其目的是建设一个可持续发展的居住环境,保障用最少的能源和废弃物实现资源节约和效益最大化。斯德哥尔摩市水务公司和废弃物管理局联合设计了一个共同生态循环模式,确保整个哈马碧湖区的有机循环,称为哈马碧模式。这种模式统一将该地区的土地利用、能源、交通、建材、排水、废弃物等各种技术供应系统集中管理。

2)哈马碧湖区的环境目标

斯德哥尔摩市对哈马碧湖区开发提出了包括土地利用、能源、交通、建材、排水和废弃物管理等几个方面的详细环境要求,如图2.8所示。

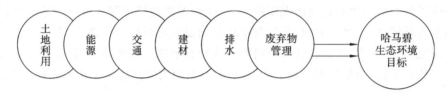

图2.8　哈马碧湖区的环境目标

(1)哈马碧湖区的土地利用

通过对旧工业区污染土地的再生利用和开发,将其转变为拥有公园和绿地的生态宜居区域,如图2.9和图2.10所示。户外空间标准:每栋公寓直径300 m的范围内,至少有15 m² 庭院空间及合计25～30 m² 的庭院空间和公园区;春分和秋分时节,至少15%的庭院空间能被阳光直射4～5 h;对于未开发的绿色区域,通过有利于该地区生态物种多样性的生物小区进行开发和补偿;而对于那些受到特别保护的生态区域,则禁止开发。

图2.9　治理前的哈马碧

图2.10　治理中的哈马碧

(2)哈马碧湖区的能源环境

该地区生态环境的总体目标是通过大量采用可持续、可再生能源,建立一个完善的生态能源体系,包括利用可再生燃料、沼气废热再利用和节能建筑物。连接小区集中供热系统与废气系统、集中供热系统与热能提取系统,利用废弃能源和可再生能源为小区供热;电力设施设置环境友好标志。在该地区治理完成之时,利用处理过后的污水、废弃能源和可再生能源,就可以生产所需总能源的50%,如图2.11所示。

(3)哈马碧湖区的交通环境

交通环境的目标是通过限制私人汽车的使用,发展快速、便捷的公共交通体系,

图 2.11 哈马碧能源系统

鼓励轿车合用和自行车出行。截至 2018 年,采用公共交通、自行车出行的在 90% 以上,至少有 15% 的家庭加入了轿车合用计划,同时至少有 5% 的工作场所加入了轿车合用计划;所有的重载运输工程均由符合环境卫生标准的车辆负责。

(4)哈马碧湖区的建材环境

对于建材品质,要求健康干燥,且对环境无害。尽量不采用含有重金属、石油等高污染性、高危险性的化学品建材,而采用生态环境友好石油或者不锈钢作为建筑材料,以防止污染水体。

(5)哈马碧湖区的排水环境

通过采用先进的节水和水处理技术,将小区内的水尽可能做到无害与清洁处理,提高水处理效率。首先将水的消费量降低一半;其次通过污水处理后再排放,减少所排放污水中重金属物质及不可降解的化学品含量,减少向水域内排放更多污染物。经过此方法处理之后的残余物,即污泥,也可在农业生产中使用,这种方法被称为上游方法,如图 2.12 所示。

(6)哈马碧湖区的废弃物管理环境

废弃物管理的总体目标是通过对废弃物进行分类处理,最大化回收其中的材料及能源,如图 2.13 所示。

2. 国内村镇社区规划理论实践

近年来,我国兴起生态城市建设高潮,甚至有舆论称这种情况如同"百余城市急切竞赛生态城"。同时,也有很多地方纷纷提出要建立生态宜居城市,如上海、哈尔滨、天津等,从更大的范围上看,吉林、陕西和海南等十余个省(包括自治区、直辖市)

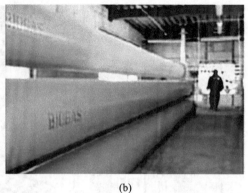

(a)   (b)

图 2.12　哈马碧排水管道系统

（a）室外排水管道；（b）室内排水管道

图 2.13　哈马碧垃圾分类回收系统

都提出将在近些年建设生态文明省（包括自治区、直辖市）。目前也取得了一系列突出的成果，其中具有代表性的如上海崇明岛东滩生态城、天津中新生态城等，如图 2.14 和图 2.15 所示。

图 2.14　上海崇明岛东滩生态城　　　　　　　**图 2.15　天津中新生态城**

1) 上海崇明岛东滩生态城

东滩位于长江入海口,崇明岛的最东边,也是上海唯一一块尚未开发的岛屿,启动区域规划面积 12.5 km²,其中核心区面积 7.8 km²,规划常住人口约 5 万人(最多承载 8 万人),崇明岛东滩生态城的规划整整历经了 10 年,其主要的规划理念与措施如下。

①以生态文化为导向。注重保护当地文化,传承当地历史文化价值,尊重区域地理传统,在促进经济增长的同时,保证居民素质和生态文明水平的提高。

②确立可持续发展框架。东滩可持续发展的总体目标是实现环境、资源、社会与经济的协调发展。

③保护环境和促进生物多样性。为了促进生态环境发展,采用了大量可再生能源、零排放交通以及生态多样性措施。为了保护迁徙鸟类的生态环境,在城市建设区及生态环境保护区之间设置一道较宽的生态缓冲区。

④低生态足迹。为了最大限度地减少对自然环境的干扰,生态足迹与常规开发项目相比减少了一半以上。

⑤减少能源需求。建筑新能源技术以及基础设施建设的大量利用,使能源需求量与常规项目相比减少了 66%,可再生能源利用率高达 60%。

⑥通过循环用水尽量减少水资源的浪费,与常规项目相比,水源消耗减少 43%,水排放减少接近 90%。利用生态处理技术对污水进行处理,并充分利用雨水资源。

⑦为了减少城市建设对农业生产的影响,在城市规划区建设农业作物工厂,以此来弥补城市建设中所占用的农田。

⑧通过高效的资源利用及废弃物处理方式,使得填埋的废弃物减少 83%。

⑨土地利用规划和交通规划的可持续模式。为了合理利用土地,住宅区采用低层高密度的建筑形式,平均层数 3~6 层,平均容积率 1.2,密度为每公顷 75 户,每平方千米最大人口密度为 1 万人。

⑩倡导绿色文明的交通出行方式,改善区域交通可达性,优先发展公共交通,鼓励和倡导人们采用自行车或步行方式出行,降低对汽车的依赖,通过合理组织各街区之间的功能,缩短交通距离,降低人们对机动车出行的需求。

⑪提供充分的、多样化的就业机会。

⑫完善公众参与机制。

与普通城市相比,上海崇明岛东滩生态城将减少 66% 的能源使用,88% 的水排放,83% 的需填埋处理的废弃物和 60% 的生态足迹(人类活动对环境的影响)。

2) 天津中新生态城

2008 年 4 月 8 日,天津中新生态城联合工作委员会在新加坡召开第二次会议,会议审议并通过了天津中新生态城总体规划,如图 2.16 所示。与东滩生态城类似,中新生态城也借鉴了国外先进的新城建设经验,在城市规划、环境保护、资源节约、循环经济、生态建设、可再生能源利用、中水回用、可持续发展及促进社会和谐等方面进行了探索。

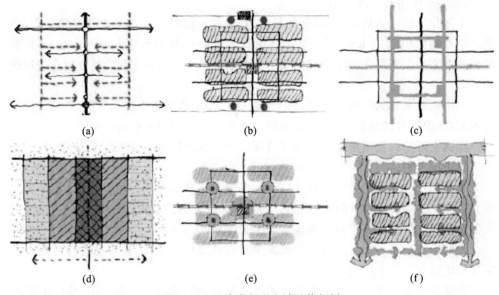

图 2.16　天津中新生态城总体规划

(a)理念 1:机非分离;(b)理念 2:P&R 模式;(c)理念 3:路网＋绿网的双棋盘格局;

(d)理念 4:高、中、低的路网等级渐变体系;(e)理念 5:TOD 模式;(f)理念 6:指状绿楔

　　天津中新生态城总体规划中从生态社区、公共设施、绿色交通、水资源综合利用、能源综合利用、梯度开发、环境保护、数字化城市、城市安全 9 个方面对生态城的建设进行了规划设计。

　　为了合理控制生态城规划建设,保证在规划建设过程中不与总体规划思想相偏离,天津中新生态城建设制定了一系列量化的生态建设目标,共包括 22 条控制性指标,以及 4 条引导性指标。其内容大体上可以分为生态环境健康、社会和谐进步、经济蓬勃高效、区域协调融合 4 个方面。这些方面可以按照层级进行分解,进而得到核心要素、关键环节、控制目标和控制措施,进一步细化可以得到接近 1200 条实施细则。这些指标全部达到或超过发达国家的水平。例如,绿色建筑的比例为 100％,高于新加坡的绿色建筑标准;此外,要求到 2020 年可再生能源的使用比例要超过 20％,这与欧盟的相关标准一致。天津中新生态城生态社区模式如图 2.17 所示。

2.2.2　新城市主义理论实践

1. 国外村镇社区规划理论实践

1) 纽约斯卡尼阿特勒斯(Skaneateles)村镇项目

斯卡尼阿特勒斯村镇项目是由圣母大学建筑学院(School of Architecture University of Notre Dame)主持开发的可持续发展计划,获得了新城市主义大会(The Congress for the New Urbanism,简称"CNU")2011 年颁发的新城市主义宪章奖,项

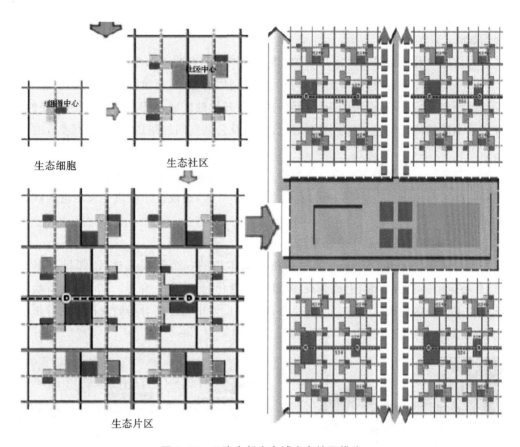

生态细胞　　　生态社区

生态片区

图 2.17　天津中新生态城生态社区模式

目如图 2.18 所示。该项目主要的规划理念与措施如下。

①输出和接收(sending and receiving)。将地区划分为输出区域(sending zones)和接收区域(receiving zones)。输出区域为需要保护的自然景观及农业景观,将这些土地的使用退还并保护;接收区域为紧凑开发的居住区域,将分散的居住、商业及办公集中起来,形成紧凑的多用途的邻里社区。

②开发多样性的住宅,提供给不同年龄、家庭及收入的人群,并且提供消费档次适宜且多样化的可持续的零售商业。

③鼓励可步行的、混合使用的社区的开发建设。

④利用人工湿地的方式处理废水。

⑤新增三条公交路线,通过便捷的公共交通满足村民工作及日常出行,减少小汽车的使用。

⑥新建具有良好景观视线的步行路线及连通绿色廊道的步行小径,鼓励村民及游客步行出行。

⑦增加公共空间,公共公园占地从 1.2 hm² 增加到 6.8 hm²,活动场地数从 14 个增加到 25 个。

⑧在建筑及城镇景观上采用维护、替换及扩展的方式。对于保护区的建筑进行维护,并随着时间的推移逐步替换为新的混合利用的建筑,新建林荫大道及公共广场等基础设施,并逐步形成新的街区网络;对于新开发的区域,强调公共建筑的重要性,并继承小镇的传统特色,强调土地的混合利用及公共空间的塑造,打造适宜步行的新区。

⑨强调区域内多种资源的合作发展,共同促进、鼓励地区可持续化的发展。斯卡尼阿特勒斯村镇项目占地 48 km²,容纳居民 7 500 人,是现代新城市主义理论实践应用的代表。

2) 格林维尔(Creenville)邻里改造项目

亨尼斯瑞(Haynie-Sirrine)邻里是格林维尔市的一个低收入社区,邻里衰退严重,住宅老旧不符合标准、土地荒废、基础设施老化、犯罪率上升等。2001 年,市政府开始着手该社区的改造工作,如图 2.19 所示。设计小组通过对场地及社区的分析研究,在规划设计中主要采取了以下措施。

图 2.18　斯卡尼阿特勒斯村镇项目　　　　图 2.19　格林维尔邻里改造项目

①教堂街与两条东西向的街道(亨尼街和珍珠街)构成了邻里的几何中心,虽然教堂街尺度超常,但在这个几何中心边缘有里迪(Reedy)河、沿河绿道公园、条件良好的邻里社区、格林维尔市中心等,所以整体布局比较协调。

②弗尔曼(Furman)大学位于社区北侧,距社区的几何中心只有步行 5 min 的路程,距离市中心仅 1.2 km,同时到达滨河公园的交通路线比较畅通,地形高起,视野开阔,且有个大面积的停车场。

③亨尼斯瑞邻里街道比较狭窄,街道两侧绿树成荫,颇有"乡村风味"。

④邻里社区存在多种住宅形式,在改造中去除了废旧的住宅,保留了结构良好的住宅形式;邻里的教堂地方特色很强,是社区的中心区域。

⑤社区东侧的足球场规划合理且进行了翻新。

2. 国内村镇社区规划理论实践

1）项目概况

万科四季花城地处深圳梅林关外约 2 km 处,占地 23 hm², 建筑面积 350 000 m²,采用街区式社区理念进行规划,成功地弥补了边缘社区的缺陷。该社区公共空间序列自成一体,和谐温馨的乡镇生活给购房者留下了深刻的印象,因此取得了很大的成功,社区规划如图 2.20 和图 2.21 所示。

图 2.20　深圳万科四季花城实景　　　　图 2.21　深圳万科四季花城总平面布局

2）设计理念与实践

（1）小镇主题及街区型住宅的引入

①序列型公共空间系统:万科四季花城没有采用中心大花园的设计方法,而是通过采用化整为零的手法,提倡小范围内的人文空间序列,丰富了社区空间层次。这种序列型公共空间系统主要包括入口广场、四季广场、小树林、体育运动场、网球公园及开放式步行街等。

②公建系统:边缘社区为了吸引业主,需要一套完善的配套设施体系。在这一方面,万科四季花城也采用了与常规建设项目不同的配套概念,将城市商业气氛与公共空间紧密结合,使住户不必担心配套设施不完善的问题,主要的公共建筑有超市、幼儿园、小学、体育设施、骑楼商业购物街、社区会所、社区诊所、观景塔等。

③城市街区邻里——围而不合的流动空间:万科四季花城将每个街区划分为2～3栋住宅楼,通过住宅楼围合,形成温馨和谐的邻里公园,并在步行入口处配备1～2名保安。在形成的邻里公园内,儿童可以安全地玩耍。为了避免空气流通不畅,住宅楼之间采用围而不合的形式。

（2）人车共存主题——人车水平分离交通体系

由于经济的快速发展,人均私有车辆数量急剧上升,导致居住车位停车问题逐渐突出,采用人车分流的措施已经成为大部分居民的共识。但如果不根据实际情况而全面采用人车分流,则会产生矫枉过正的问题。这种问题表现在没有人愿意将车停在多层停车库内,因而地下停车位滞销,而住户由于分担室内停车位价格,不得不将住房售价提高,以及业主只能选择就近路边停车等。

为了达到人车分流的目的,首先应该从总平面入手,采用周边车行环路——尽端与路的车行体系;结合公共步行序列空间系统,该系统贯穿社区东西方向,使车流和人流在同一个水平层面上相互分离,以此来实现人车基本分流的宗旨。同时融合尽端车行路、路边停车位及通向邻里花园的步行路,将其交叉点设置在街区邻里的步行入口区域,这种设置方法可以体现人车亲和、车为人存的人文主义思想。

（3）新城市主义中的文脉——传统与现代的对话

在新城市主义运动下,需要特别注重对城市文脉的构建,弘扬区域传统文化。因此,万科四季花城的设计也在这一方面进行了尝试。

①客家土楼与街区邻里。"围合封闭,内幽而外安"是两者之间的共同特点,这也给城市空间布局、边缘社区住宅治安的相关研究提供了参考。

②"带阳台的牌坊门楼"。在中国传统文化中,牌坊门楼等通常是出入口及内外空间过渡的标志。因此,在设计街区邻里入口时,万科四季花城大量借用了这一方面的元素,并赋予其通向主卧室的阳台功能,被形象地称为带阳台的牌坊门楼。

③大进深的骑楼商业空间,如图 2.22 所示。骑楼是中国南方建筑的一个重要文化语汇,属于岭南民居语汇,通过将常规的 2 m 的进深增加到 3.3 m,在保障建筑功能的同时,强化了骑楼的语汇力度。将传统的粉墙、黛瓦、双坡顶,与现代构成主义相互结合。

④自建式屋顶复式单元,如图 2.23 所示,是当地居住文化的投射。由于文化观念存在差异,西方人比较偏向于居住在幽静的自然郊区,但万科四季花城很多业主出于治安完善、配套设施合理的考虑,更加愿意居住在热闹、安全的城区里,希望在社区住宅中拥有自己的别墅空间,并且十分乐于室内装修。

图 2.22 大进深的骑楼商业空间

图 2.23 自建式屋顶复式单元

（4）现代与传统的冲突——社区会所的建筑风格

在西方发达国家的新城市主义运动中,城市中新建建筑往往有着自己独立的特点,以一种纯现代、绝不妥协的方式与周边古典建筑形成强烈的对比。这种建筑有很多。在万科四季花城中有很多纯现代主义设计风格的建筑,这种设计风格也是设计师对这种城市文脉构建方式的一种理解与尝试。

2.2.3　田园城市理论实践

田园城市理论与城市规划及社会变革息息相关,该理论反映了人们对理想生活状态的追求和向往,提出应该缩短城乡差距、相互借鉴优点、共同发展的理念。

霍华德认为应该缩短发达国家城乡之间的差距,两者一体化融合发展。他认为田园城市是将乡村与城市的优点相互融合而形成的理想城市。

云南省曲靖市会泽县上村乡作为典型的农业乡镇,在城乡建设方面存在用地功能混杂、交通拥堵不畅、基础设施建设相对滞后等问题;在产业方面则面临标准化生产水平低、农业产业化带动不强、农业增效和农民增收不高的问题;在生态方面则存在河道及其沿线的维护不佳、镇区环境卫生缺乏整治和生态环境容量制约的问题;在设施方面,除基本的教育、医疗等设施外,没有与其发展相配套的文化、娱乐、商业、体育等基本公共服务设施。针对上村乡的现状,在进行生态宜居村镇规划设计时,主要考虑了以下内容。

1. 规划设计思路

规划提出了"自然社会要素的甄别—要素派生关系的建构—规划技术的引导控制"这一规划设计整体思路。以山水文化、田园观光文化为亮点塑造形象,围绕高原特色农业、农副产品加工、特色旅游等,着力推动产业升级,坚持生态优先的发展理念,强化公共服务设施和基础设施建设,美化城镇生活环境,缩小城乡差距,提升城镇发展活力,打造"山水庭院、副食名镇、滇北绿谷、宜居上村"。

2. 规划设计路径

山水田园属性格局决定了上村乡总体规划的导向和路径。在用地布局方面,依托河流和新增用地,建构"中心镇区＋专业化城镇＋现代田园社区"的用地空间布局模式;在产业方面,突出产业引导与空间活力的有机复合,建构"产城融合＋产业集群＋产业融合＋产业升级"的转型产业体系;在空间结构方面,结合区域用地布局和业态引导,建构"极核＋组团＋点轴＋网络"的空间结构体系;在生态方面,划定生态红线和建设控制线,建构"山环＋水串＋田围＋城融＋村入"的生态本底控制引导,立足于空间在用地布局、产城融合、交通联通、设施配置、生态管控等方面落实"要素甄别—关系连接—引导控制"的规划思路。上村乡土地利用规划如图2.24所示。

3. 规划设计策略

1)"中心镇区＋专业化城镇＋现代田园社区"的用地空间布局模式

贯彻"增长点＋增长极＋辐射区"综合发展的理念,通过用地置换、功能植入等,调整、修复、更新老镇区的用地布局,挖掘老镇区的增长点和未来增长极,确定老镇区的新发展方向和新用地功能,在现状用地的基础上进行植入和更新,确定"中心镇区＋专业化城镇＋现代田园社区"三层级的用地空间布局,统筹城乡发展。上村乡用地空间布局模式如图2.25所示。

2)"产城融合＋产业集群＋产业融合＋产业升级"的现代产业体系

产业发展也是山水田园城市的衡量指标和发展支柱。从发展方向来看,现代田

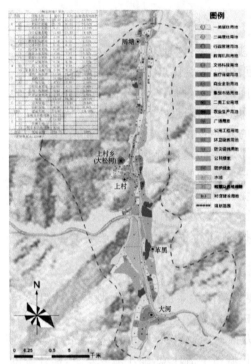

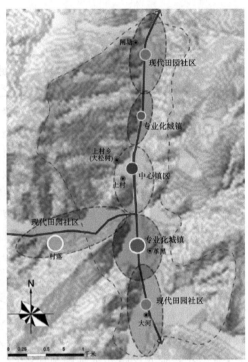

| 图 2.24　上村乡土地利用规划 | 图 2.25　上村乡用地空间布局模式 |

园城市的产业发展应将产城一体化作为主要目标,以各功能区为载体,以产业结构高级化为发展战略,以产业集群为网络节点,以现代农业、新型工业、现代服务业等产业融合为主要形式,以产业创新为发展动力。在产业发展方面,规划中心镇区以功能集聚为要点,强化服务功能,以生产与管理为基础,形成乡域的政治、经济、文化综合功能产业区。

3)"极核＋组团＋点轴＋网络"的空间结构体系

对于两侧环山、中间流水的镇区空间而言,其空间形态为带状狭长形、空间结构路径具有方向性和流动性,功能决定了其空间结构路径的形式。中心镇区是其中心极核,功能效应集聚、带动辐射作用显著。上村乡空间结构体系如图 2.26 所示。

4)"山环＋水串＋田围＋城融＋村入"的生态本底控制引导

随着城市化进程的加快,生态网络规划已被广泛认为是一种协调城镇发展与环境保护间矛盾关系的有效手段。山、水、田园等自然生态环境形态突出,与城镇、乡村等人工环境形态紧密融合,形成优越的地域环境特色和形态本底。以建设高原特色园林城镇为总体目标,利用现有的河流水体、滨水岸线、自然山体等条件,采用点状、块状和带状绿地相结合的布局手法,依托镇区两侧的"山环"打造生态保护控制圈,利用边缘"田园"打造城镇山体之间的生态过渡与控制区,紧密结合城镇用地结构布局,自然特质与人工设计有机契合、综合考虑,营造城镇景观系统,形成绿色网络。以山脉、江河为主骨架,在区域尺度上构建景观生态体系,将大山、大水的生态本底融入城市之中,形成"山水、人文、城市"三位一体的现代生态融合体。同时利用镇区内主干路沿线绿带、水体景观等要素,建设可供居民休憩、游乐、健身,以及具有生态观光功能的景观休闲空间。上村乡生态本底控制引导如图 2.27 所示。

图 2.26 上村乡空间结构体系示意 图 2.27 上村乡生态本底控制引导

2.3 村镇社区规划设计因素分析

2.3.1 生态因素

1. 生态污染严重

近年来,随着我国经济与社会的发展,与村镇人民收入水平日渐增高形成鲜明对比的是,我国村镇自然生态环境污染现象日益严重,环境质量每况愈下。其中,村镇环境污染现象主要包含生活污染、农业污染及工业污染三个方面。

1)生活污染

在我国广大村镇地区,随意倾倒生活垃圾的现象到处可见。由于缺少相应的垃圾收集点,村镇地区的生活垃圾或者直接堆放在路边,严重影响村镇景观;或者倒入河流,使村镇水源遭受严重污染,如图 2.28 所示。

另外,由于没有相应的规划,村镇的生活污水基本上呈乱排乱放的状态,或者直

(a)　　　　　　　　　　　　　　　　(b)

图 2.28　垃圾随意倾倒
(a)垃圾污染(一);(b)垃圾污染(二)

接排放在门前屋后,或者通过明渠排放到周围的水源地,最终导致的问题是村镇水源遭受严重污染,各种生活疾病频发。

2)农业污染

近年来,广大村镇地区农业面源污染现象大面积发生,主要是由于化肥、农药等化学物质的使用。一方面,化肥、农药等的使用确实能使农业增产;另一方面,化学物质滞留在农作物或土地中,危害着人们的健康,污染了土地。传统的耕作模式效益确实低,但人畜粪便等有机肥料的使用却能使人们享受到健康的农作物产品,使农业能够可持续发展。

3)工业污染

改革开放以来,在国内政策引导及市场需求导向下,大批中小企业进驻乡镇,"村村点火、户户冒烟"的景象为村镇居民的就业情况和生活质量的改善带来了巨大的影响及改变。然而,由于企业生产模式长期落后,工业"三废"的排放使村镇遭受了严重的污染,如图 2.29 和图 2.30 所示。人们逐渐认识到,我们过去是在以牺牲赖以生存的生态环境为代价来换取物质条件的改善。相关统计显示,由于工业污染,目前国内"癌症村"数量已经达 400 多个。2013 年 2 月,国家环境部也首次发文承认了中国"癌症村"的存在,这意味着环境污染已经严重影响到城乡居民的生存环境及身体健康。

图 2.29　废气污染　　　　　　　　**图 2.30　石材废渣污染**

2. 土地问题突出

1）土地浪费问题严重

我国拥有广袤的国土面积,但由于其中大部分都是山川和河流,再加上我国人口数量居全世界第一,因此,我国耕地总面积及人均耕地面积都非常少。同时,随着近年来城镇化速度的进一步加快,以及房地产行业的迅猛发展,村镇地区已成为地方房地产及开发区建设的主要场所,所以存在严重的土地浪费问题,如图 2.31 和图 2.32 所示。

图 2.31　耕地造房　　　　　　　图 2.32　田地荒废

2）土地污染严重

随着人民生活水平的改善和消费水平的提升,大量的固体废弃物污染开始出现。在这些固体废弃物中,有机物占比为 36%,无机物占比为 56%,此外还有很多其他垃圾。其中,有机物垃圾可以自然分解,但无机物垃圾则需要人工处理,否则将永远占据土地,逐渐形成围绕在村镇周边的垃圾堆,这样的垃圾堆对村镇环境会造成严重不利影响,为鼠类、蚊蝇等害虫滋生提供场所,最终对人类自身安全产生威胁。塑料垃圾进入土壤后,因为长期不能分解,将会导致土体恶化,采用填埋的方式处理垃圾,往往需要占用大量的土地资源,且垃圾中的有害物质渗透到土壤中,会对土质产生严重危害,并且污染地下水,如图 2.33 所示。

(a)　　　　　　　　　　　　　(b)

图 2.33　土壤污染

(a)垃圾污染;(b)废液污染

3. 生态人文景观保护力度不够

在我国普遍存在着这样一种情况,即城市的一定优于乡村的,在物质主义备受推崇的当今时代,这似乎已经成了当代人的共识,其范畴也由简单的文化、精神等层面延展到了村镇建设、景观方面。而这种简单、粗浅的认识也直接导致在进行村镇规划、建设的过程当中,毁掉传统的村镇特色,不顾及村镇地区的优良传统,进行整齐划一的、与城市接轨的"现代化"建设。这导致的最直接且最直观的结果便是,一栋栋欧式小洋楼在城乡地区拔地而起,大尺度的硬质铺地广场、石块加水泥修建的河道等,导致了一系列古村落、古建筑(见图2.34、图2.35)消失,以及村镇地区集体记忆的逐步散失。

图 2.34 古村落   图 2.35 古建筑

4. 宜居村镇社区是居民不断追求的目标

宜居是人类的共同理想与持续的追求,不管是从远古的岩洞时代到巢居、穴居、蓬居时代,还是从游牧文明、农耕文明到商贸文明,人类都从未停止过对宜居环境的追求。在经济建设与城市化快速发展的今天,村镇社区居民对宜居的追求表现在对物质和精神生活质量的要求不断提高,各地村镇社区规划建设如火如荼,伴随着出现了环境危机、与城市社区风格雷同、居民满意度低等诸多问题。

2.3.2 社会因素

1. 村镇社区人口规模

村镇社区人口规模是村镇社区规划和各项建设最重要的依据之一,它直接影响着村镇社区用地大小、建筑层数和密度、公共建筑项目的组成和规模,影响着村镇社区基础设施的标准、交通运输、布局、环境等一系列问题。因而,对村镇社区人口规模预测得合理与否对村镇社区的影响很大,如果人口规模预测得过大,用地必然过大,造成投资费用过大,使用上长期不合理与浪费;如果人口规模预测得太小,用地也会过小,相应的公共设施和基础设施标准不能适应村镇社区建设发展的需要,会阻碍村镇社区经济发展,同时造成生活、居住环境质量下降,给村镇社区居民的生活和生产带来不便。

2. 村镇社区经济发展阶段

1）传统农业自给自足阶段

传统农业自给自足阶段经济发展的特征是:第一,第一产业占据极高的生产比重,经济活动围绕农业生产展开,绝大部分劳动力从事农业生产活动;第二,生产力水平比较低,具体表现为生产方式原始、技术手段落后、产业结构单一;第三,经济增长异常缓慢,具体表现为村镇社区商品经济十分落后,市场规模极为有限,长期停滞在自给自足甚至自给不能自足的自发经济中,自身资金积累能力低下,自我发展能力严重不足。

2）村镇工业崛起阶段

这一时期村镇社区经济发展特征表现为:第一,产业结构急剧变化,由落后的农业为主逐步向工业发展转变,工业项目主要以食品、纺织、烟草等初级工业产品的生产为主;第二,经济呈现高速增长,村镇工业兴起并在区域经济增长中起着重要的积极作用,经济总量规模迅速扩大;第三,生产力水平提高,村镇社区经济走向商品化,劳动力向工业领域流动。

3）工业化推动阶段

依靠工业化推动经济发展有很多特征,主要表现为三点:第一,村镇社区生产方式发生改变,由原先的粗放型发展向集约化和专业化方向转变;第二,开始出现多种类型的村镇企业,逐渐形成集体企业、三资企业、个体经营户共同发展的趋势;第三,随着商品经济的快速发展,第三产业迅速兴起,区域市场逐渐建立。

4）统筹协调优化阶段

从区域层面看,村镇社区的经济发展呈现区域一体化特征,县域行政区划的作用将进一步弱化,村镇社区需在更大的经济社会发展区域内统筹协调,因此其发展空间实行区域一体化组织是必然的选择。

从镇域层面看,经济发展的全球化,促使区域朝着一体化、协调化的方向发展,村镇行政区划不再是村镇社区经济发展有限的"辖区范围";同时,为适应或谋求一体化的发展,行政区划还应适时做出调整,从而使县域内原本众多的村镇社区从"碎片化"转向"整合化",走上片区化或一体化发展的道路。

3. 社会规划理念

村镇社区密集区域一体化、产业一体化是村镇密集地区规划的重要组成部分,在促进整个村镇社区密集地区经济社会协调发展、落实产业分工、解决就业、促进城乡统筹等诸多方面发挥了重要作用。

村镇社区密集地区的非农产业发展较快,第二、第三产业均比较发达,产业和人口相对密集;村镇社区之间人流、物流、信息流交往频繁,相互联系紧密,在与核心城市的双向互动和其他村镇社区的分工协作中,共同参与国内外的竞争,并充分发挥集群优势。

村镇社区密集地区区域经济社会发展必须有与其相应的区域基础设施、公共设施配套。无论从现状条件、规划需求还是服务区域方面考虑,实现规划区域统筹、一体化优化配置及资源共享,避免重复建设都是有利的,也是必要的。村镇社区密集地区区域规划或村镇社区体系规划按照效益最优化的原则,统筹确定路、水、电、气等重要基础设施的布局与走向,实现优化配置与区域共享。

2.3.3　环境因素

1. 气候

村镇社区是现代人居环境的主体,而环境是以人的宜居与安全为基本需求的。从区域层面来看,村镇主要位于气候条件相对适宜的湿热气候区和温和气候区,绝大多数分布在东中部平原地区,这些地区的村镇呈现数量多、密度大、分布集聚的空间特征;而位于气候条件恶劣的干热气候区、寒冷气候区的西部和北部地区,由于气候对人类生存构成了威胁,村镇呈现数量少、密度小、分布不均衡的空间特征。

2. 地形地貌

地形即地表的综合形态,包括山地、丘陵、高原、平原和盆地,是以形态视角对区域空间的宏观描述;地貌即岩石圈表面的起伏形态,由陆地地貌和海底地貌组成,其中陆地地貌涵盖平原、高原、台地、丘陵、山地五种类型,是侧重成因角度对区域空间的微观描述。地形地貌是影响村镇发展建设的基本物质因素,直接或通过关联性的气候因素间接影响村镇各类用地的分布和空间形态的发展。从世界范围内观察,绝大多数村镇为获得良好发展空间和物质基础,多选择分布于地形地貌稳定、地势起伏平缓的平原和盆地地域。

3. 环境资源

村镇的环境资源通常包括耕地资源、水资源、区位资源、矿产资源等,这些资源与人类社会有着密切的联系,既是人类赖以生存的重要基础,又是社会生产的原料来源和生产布局的必要条件与场所。因此,各类环境资源是村镇形成与发展最主要的外部催化剂,是影响村镇空间形态的重要因素。

4. 地质

我国村镇主要分布在地质条件较好的区域,如东中部地区,地质灾害相对较少,在这一地区,村镇的发展较为平稳,分布较为密集,镇区空间规模较大。

2.3.4　文化因素

1. 自然文化

由于自然资源地区分布的区别和资源质量的差异,不同地域的村镇社区产生了不同的自然文化;即使是同一个村镇社区,由于资源的有限性及人类对资源认识的局限性,不同历史时期也具有不同的自然文化,这些自然文化的差异和变化必然会影响村镇社区的发展。同时在村镇社区建设中,对自然的遵从或改造利用会直接反映在村镇社区的布局和空间形态上。

不同地区所形成的自然文化差异,使我国村镇社区的分布具有明显的特征。中原地区广袤而肥沃的土地资源决定了其对农耕文化的选择,村镇社区在中原地区广泛分布;西北地区广阔的草原所形成的畜牧文化决定了其村镇社区分布分散且规模较小;河网密布、湖荡罗列的江南地区则有着独特的亲水文化,村镇社区大多沿河流分布。

自然文化对生态宜居村镇社区规划的形成与发展具有相当重要的作用。不同历史时期所展现出的村镇社区自然文化内涵体现了村镇社区特有的精神风貌,形成了具有地方风格和时代特征的生态宜居规划。对生态宜居村镇社区规划影响比较大的自然文化主要是亲水文化和生态文化。

2. 人文历史文化

村镇社区的人文历史文化是指村镇社区历史遗存(包括文物单位、古村落、历史地段、历史街区、历史村镇等)和历史风貌中所形成的在居民心中的文化观念现象的总和。村镇社区的人文历史文化包括很多特点,主要有以下三个方面。

其一,不可再生性。村镇社区的历史遗存、传统风貌一旦被破坏,将不能被修复,同时由于很多村镇社区档案匮乏,也很难进行仿建。

其二,独特性。只有在特定的历史背景和文化背景下,才能形成特定的历史文化。不同地域、不同历史时期所形成的历史文化具有很大的区别;传承至今的村镇社区都有自己独特的、不可复制的历史文化,村镇社区的历史文化更具地域性和民众参与性。

其三,延续性。村镇社区的历史文化由于具有悠久的历史,所以其具有强大的生命力。

3. 传统文化

村镇社区的传统文化是指村镇社区所在地域内的原住居民及其祖先所创造的、为本地人所世袭的各种思想文化和观念形态,如民俗、宗教、道德、价值观、地域文化等。村镇社区的传统文化具有以下三个特征。

其一,连续性和持久性。村镇社区的传统文化是在长期的生活和生产中逐步形成并传承下来的,虽然在不同的历史时期或多或少有所改变,但总体上没有中断,同时它的发展变化是渐进的。

其二,多样性和包容性。传统文化是一种内生文化,村镇社区内不同的民族、自然地理条件等因素形成了多样性的地域文化;同时,不同文化之间的相互交流、学习和融合促进了村镇社区文化的发展,形成了具有包容性的传统文化。

其三,保守性和封闭性。村镇社区的文化是在较为封闭、相对独立的乡村地域内形成和发展的,自然障碍等因素将村镇社区及其乡村地域与外界分隔,形成了相对封闭的文化环境;同时,自给自足的小农经济和社会政治环境等因素造就了相对保守的文化环境。

传统文化鲜明的民族性、地方性、历史性等特征影响着村镇社区经济社会发展的思路和空间组织的理念,从而影响空间的发展形态。影响村镇社区空间形态的传统文化主要是民俗、地域文化等。

2.4 村镇社区规划设计价值分析

2.4.1 经济价值

在社会生活中,人的一切活动都与社会经济密切相关。经济是基础,没有经济基础,其他一切活动都无法进行。村镇社区规划设计亦然,没有社会经济为基础,发展生态宜居村镇社区规划建设就是一句空话。而生态宜居村镇社区规划建设在社会属性上属于社会上层建筑领域的内容,即精神生活的内容。生态宜居村镇社区规划建设在社会经济发展中又有双重意义,既依赖于社会经济基础,又在一定程度上为社会经济的发展起到推动作用,即具有一定的经济价值。

生态宜居村镇社区规划建设的经济价值是由它本身和附加效应决定的,因为建成之后的生态宜居村镇社区能给人们带来一种心灵上的愉悦,这同其他商品的使用价值是一致的。因此,在一定程度上,生态宜居村镇社区规划建设也能够产生经济效益,即具有经济价值,这主要体现在文化旅游方面。

村镇社区文化旅游的全部经济价值包括利用价值和非利用价值。利用价值是直接的或间接的,直接价值可以认为是市场价值,间接价值则是非市场价值。直接价值包括娱乐、教育、研究价值,体现为对地区的直接使用价值;间接价值包括一个地区的生态功能,如保护流域、保护野生动植物栖息地、气候影响、碳吸收等。非利用价值包括选择价值、存在价值和遗产价值。选择价值为保留对潜在未来开发地点的选择权;存在价值为了了解村镇的存在意义,通常通过经济手段或者时间进行衡量;遗产价值体现为使后代可以享受到的经济价值。

2.4.2 社会价值

村镇社区规划设计的社会价值充分体现在三个方面:一是促进自身发展,二是满足人民精神文化需求,三是实现自然保护和生态开发。

1. 促进自身发展

通过进行环保宣传教育和开展生态旅游,带动村镇社区的旅游业和第三产业发展,带动周边地区经济的可持续发展和良性循环,其中潜在的、间接的效益将远远大于直接效益。

2. 满足人民精神文化需求

在城市周边地区建立生态宜居村镇社区,可以向城市居民提供环保教育、生态旅游和休闲度假的场所。在自然环境中,让市民特别是中小学生了解自然,陶冶情操,培养他们自觉关心和热爱大自然的高尚情操。

随着经济的发展,城市建设和居民生活水平已快速提升,开始追求精神文化生活,但城市发展和功能完善还有很大的空间。居民需要集保护和科研、科普生态教育、旅游休闲观光为一体的区域。生态宜居村镇社区将发挥这方面的作用,满足这些需求。

3. 实现自然保护和生态开发

大规模的开发可能会对原有的生态系统和景观格局造成破坏,因此需通过合理的规划布局,为村镇今后物种保护、栖息地管理、生态治理等提供技术支撑和决策支持,实现自然保护和生态开发的协调发展。

2.4.3 环境价值

1. 一改"脏、乱、差"卫生环境

随着城镇化步伐的推进,生态宜居村镇社区的建设也取得了一定的成就。宜居村镇社区的推进在新农村大力建设的基础上,丰富了居民的物质条件,使村镇社区的环境得到了改善,尤其是卫生条件,以前的脏、乱、差环境现在已经不复存在了。村镇设置了专门的垃圾处理池,不准随意倾倒脏水、污水,道路每天有人定时清扫并有洒水车洒水降尘,目前村镇的环境卫生相比之前已经明显改善,其效果如图 2.36 和图 2.37 所示。

图 2.36　村镇垃圾回收站　　　　　图 2.37　村镇洒水车

2. 营造舒适的居住环境

改善居住环境,营造良好的居住空间是生态宜居村镇社区建设的首要目标。在建筑环境建设方面,按照国家标准规范建设,外形美观,空间布局规范合理;在生态环境保护方面,人民生活饮用水应该达到国家相关标准要求,控制社区噪声,区域垃圾及时清运,保证社区一定的绿地率,园林景观规划合理美观,如图 2.38 和图 2.39 所示。此外,社区生态环境的建设及保护需要全体居民的共同努力,应该进行丰富的环保知识宣传,调动居民环保参与意识。此外,还应发挥媒体的舆论监督作用,表扬对生态环境保护作出突出贡献的先进典型,谴责破坏环境的行为。

图 2.38 村镇社区绿化　　　　　　　　图 2.39 村镇社区住宅

3. 加强配套设施建设

社区配套服务设施建设包括教育、医疗和交通等基础设施建设,还包括休闲娱乐等商业服务设施建设,如图 2.40 和图 2.41 所示,这些是生态宜居村镇社区建设的重要内容和保证。与城市社区相比,生态宜居村镇社区基础设施建设有着较大的差距,受到经济水平的限制,设施也相对落后。随着社会水平的发展,人们也迫切希望能够有更加完善的基础设施来保障生活质量。总体来说,在村镇社区周围应该具备相对便捷的交通,完善的商业服务设施,齐全的医疗卫生和教育文化设施,以及娱乐休闲设施和其他便民服务设施。

图 2.40 村镇社区娱乐设施　　　　　　图 2.41 村镇社区交通

4. 完善社区服务

1）必须保障社区居民安全

居民只有具备安全感，才能感觉到生活舒适宜人。首先，需要建立完善的安全保障机制，配备一定数量的安保人员以防止意外情况的发生；其次，强化居民的安全防范意识，注重安全教育，掌握基本的安全救治常识。

2）加强物业或居委会的管理

社区的基本服务机构是社区物业，是社区发展到一定程度的必然产物。社区物业通过对社区状况进行管理，提供包括对房屋建筑及其设备、市政公用设施、绿化、卫生、交通、治安和环境容貌等管理项目的有偿服务，主要负责建筑与设备的维修整治工作等。

3）完善社区救助服务体系

首先，利用社区资源，对老年人、残疾人和贫困人口给予一定的帮助。其次，挖掘再就业渠道，采取各种措施吸引外部企业投资。通过对失业人群进行职业培训和就业指导，提高社区就业率，这有利于社区的长期稳定发展，促进经济水平的提高。

2.4.4 文化价值

1. 提升文化氛围

1）加强宣传教育，提高居民自身素养

受到自身文化条件的限制，村镇社区居民对国家方针政策了解不是很多。一方面可以通过加大宣传教育，提高村镇社区居民遵纪守法意识及生态宜居环保意识，推动环保绿色社区生态文化建设。另一方面，创办社区图书馆，通过图书馆搜集各类图书资料，供居民学习，使整个村镇社区形成浓厚的文化底蕴。

2）发挥村镇社区优势，增强社区凝聚力

村镇社区居民之间存在很强的凝聚力，邻里关系和睦。但是，随着农村经济的发展和外来人口的增多，这种凝聚力正在日益削弱。为了维持这种社会关系，可以通过发挥社区居委会的力量，举办一系列社区活动，唤醒社区居民的集体意识，培养归属感，逐渐形成家庭和睦、邻里相亲的社区文化，提高社区凝聚力。

3）开展社区文化活动，丰富居民精神生活

社区文化是生态宜居村镇社区建设过程中的重要一环。开展社区文化活动有利于丰富人民群众的日常生活，改善集体的精神面貌，满足居民对精神生活的向往。此外，还可以通过这种集体的文化宣传活动，向群众宣传党的方针政策，弘扬社会主义核心价值观，纠正社会不良风气，起到移风易俗的作用。

4）居民积极参与，推进社区民主建设

居民自身利益只有居民自身参与才能得到切实保障。居民的参与度越高，集体的民主程度也就越高。生态宜居村镇社区规划应该充分发挥居民的自主能动性和创造性，建立积极有效的社区群众参与平台，提高人民群众参与社会民主的积极性，拓宽群众参与渠道,使人民群众的社会诉求能够得到解决,共同建立一个安定有序的村镇社区。

2. 推动经济发展

经济建设和文化建设两者不可分开,经济建设是文化建设的物质基础,而文化建设又推动着经济建设的快速发展。文化事业甚至可以影响经济发展的方向和方式,是必不可少的软实力。全国村镇社区建设的主流方式就是"文化搭台,经济唱戏",很多村镇社区通过利用自身自然资源和旅游资源吸引游客,促进经济增长,成为当地经济增长的新形式。我国村镇社区居民较多,而居民的文化程度参差不齐,这在一定程度上对经济增长会产生不利影响。在农业生产方面,由于思想观念落后,没有专业的农业文化生产知识,很多农民依靠世代传授的经验,难以适应新时代的发展,不愿意接受先进的农业机械和农业种植方式,最终会阻碍社区经济的发展。通过农村文化基础设施建设,提高农民的基本素质,使其能够快速适应新时代的发展,促进生产效率的提高和经济的增长。

3. 延续村镇历史人文

文化是一种精神追求,是一种信仰,其独特的意蕴沁人心脾。村镇的形成必然伴随着历史文化的流传,其是居民信仰追求所在。村镇社区的发展建设离不开历史文化的陪伴,优秀的历史文化不仅可以提高村镇社区的可识别性,还可以增强居民的归属感及认同感,从而提高村镇社区的品质,促进其经济的可持续发展。可见,发展村镇文化、延续村镇人文历史的意义重大,既能塑造居民的人文情怀,又能带动村镇社区的经济发展。

第 3 章 生态宜居村镇社区 规划设计模式

　　一个完整的居住区是由住宅、公共服务设施、绿地、道路交通设施、市政工程设施等实体和空间经过综合规划设计后形成的。在村镇中,居住建筑用地占村镇总用地的30%～70%。因此,村镇社区规划质量的优劣将直接影响村镇的空间形态发展。居住区用地的规划应遵循有利生产、方便生活的原则。

3.1　规划设计内涵

3.1.1　设计原则

　　村镇居住区规划要建成一个实用、安全、卫生、舒适的多元多层次的村镇社区,如图3.1所示,它是一项综合性较强的设计工作,包含的系统很多,在进行规划设计时应满足以下几个方面的要求。

1. 实用要求

　　村镇社区的规划要符合居民日常的生产和生活使用要求。对农业户和非农业户,可采用不同的住宅类型,且相对集中进行布置,形成多层次、多结构的居住体系。农村虽然住区规模小,人口密度低,但是服务设施应基本配置齐全,为避免浪费,可采用多功能综合体,如一店多用、一站多用、一场多用等。住宅建筑设计要符合农村居民的生活习惯和不同家庭的要求。

2. 经济要求

　　村镇由于受到经济条件的一定制约,因此在规划时应尽可能地布局合理(见图3.2),因地制宜,综合开发,严格管理。具体包括:制定与当地社会经济文化发展水平相适应的规划设计条件,搞好规划设计前期的分析策划;合理确定村镇社区的规模,制定住宅标准和公共建筑指标;贯彻国家保护耕地和环境的方针,提高节地、节能和节材的效果;旧村镇改造应在现有的住宅用地内挖掘潜力,充分利用空闲地、边角地,并进行合理的调整与改造。

3. 美观要求

　　村镇社区的规划体现了当地的总体形象特色,居住区规划应反映当地的民俗风情、气候与地理环境特征等自然条件。要合理布置绿地和活动场所,建筑单体造型设计要优美,选址应依山就势,与环境有机结合。

图 3.1 有水的生态宜居村镇社区
(a)水景(一);(b)水景(二);(c)水景(三);(d)水景(四)

4. 安全要求

村镇社区的规划要为村民提供一个安全的生活环境,满足消防、抗洪、抗震、人防的要求。在规划设计时,应符合国家有关消防、抗洪、抗震、防空等规范要求,同时建筑设计应通过合理布局和优化结构来达到经久、耐用、坚固的要求。

5. 环境要求

新建村镇社区用地要符合卫生和环保要求,保证居住区的土壤、空气和水质不受污染。建筑之间保证合理的间距,以满足日照和通风要求。市政基础设施要合理布置,管网综合规划,避免因电、水、气、暖、通信等残缺不全而引起的一系列生态环境问题。

6. 文化特色要求

新建村镇社区应保护有历史文化和旅游开发价值的民居,充分考虑地方传统居住文化的延续,构成以体现民族传统和地方特色为特征的聚落格局。

图 3.2　布局合理的生态宜居村镇社区

(a)布局(一);(b)布局(二);(c)布局(三);(d)布局(四)

3.1.2　设计内容

　　村镇社区规划的基本任务就是为居民提供一个满足物质和文化生活需要的舒适、文明、健康的环境,如图 3.3 所示。建立完善的服务与管理机制,建立以居住为主,配套设施齐全的新型社区。现阶段人民生活水平不断提高,农民的生活和生产方式也发生了改变,由以前单纯的务农发展到了如今农业、手工业、商业多元化的经济方式。但是,目前大多数村镇居住区功能仍不完善,建筑杂乱无章,环境质量较差,基础设施薄弱,建筑缺乏传统文脉和地方特色等,这些问题使得村镇社区规划进一步规范有序发展成为刻不容缓的事情。

　　就目前村镇社区的现状,本着"以人为核心"的指导原则,村镇社区规划编制要求应考虑以下几方面的内容。

　　①根据村镇总体规划,确定居住区用地空间位置及范围。

　　②根据村镇人口数量,确定居住区规模。

　　③确定各级道路的宽度和布置形式,合理规划停车场地。

　　④确定居住建筑和公共建筑的位置、规模、数量。

图 3.3　以人为核心的生态宜居村镇社区
(a)环境(一);(b)环境(二);(c)环境(三);(d)环境(四)

⑤确定给排水、电力电信、燃气等相关公用工程设施的规划。

⑥确定居住区绿地和环境规划。

⑦确定居住区环境卫生和综合防灾工程规划。

⑧根据现行国家有关规范,拟定各项技术经济指标。

3.1.3　社区选址

村镇社区的选址应满足一般的聚居点选址要求,如地质、通风、采光的要求等,并应注意避开抗震不利、滑坡、泥石流、水库、河滩、陡坡、风口等易受自然灾害影响的地段,着眼于长远发展和建设安全型的新型村镇社区,如图 3.4 和图 3.5 所示。村镇社区选址应遵循以下原则。

1. 充分利用现有农村建设用地的原则

因现有居住地是经过较长时间逐步发展形成的,居民的社会关系在物质空间上均已形成一定的烙印。所以村镇社区选址应充分利用现有居住地,对于稳定型村镇社区尤其如此。

图 3.4　选址适宜的乡村外景

(a)选址(一);(b)选址(二);(c)选址(三);(d)选址(四)

图 3.5　选址适宜的村镇社区外景组图

(a)社区外景(一);(b)社区外景(二)

2. 应选择环境良好、供水和排水更为便利地段的原则

农村电力较为充足,对社区建设不构成制约性条件,但供水和排水问题的制约性相对突出。分散的供水模式导致部分村民出现饮水安全隐患,而排水问题是影响农村人居环境的主要因素之一。尤其是对现有分散居住模式进行一定程度的集中后,供水和排水的问题显得更为重要。

3.2 城乡协同发展

3.2.1 生态社区与村镇

农村生态社区是以农村生态环境文明为主题,以建立可持续发展的农村社区经济发展模式为途径,以系统的农村环境观来组合相关的建设和管理要素,在尊重农村乡土风俗文化的条件下,运用生态学方法建设的可持续发展的、生态文明的社会主义新农村,如图 3.6 所示。农村生态社区内涵应包含和谐、文明、舒适、富裕、安全、长效管理。

(a)   (b)

(c)   (d)

图 3.6 生态社区与村镇

(a)生态社区外景(一);(b)生态社区外景(二);(c)生态社区外景(三);(d)生态社区外景(四)

3.2.2　宜居社区与村镇

　　要实现村镇宜居社区的目标,需要研究村镇人居环境建设的着力点和突破点,建立合理有效的村镇社区规划建设方案。村镇宜居社区是在理解整体人文生态系统的基础上建立起来的,既要考虑人的可持续发展,又要考虑自然持续发展的村镇评价标准,从根本上就是可持续发展的问题。可持续发展的思想必须充分贯彻到社区规划设计的各个层面,并且在现实的基础上来规划具有适当超前性的住区。要本着"以人为本"的原则考虑现代生态宜居村镇建设,以人的尺度与现代人的需求来建设村镇,使之不仅可以满足现代人的使用,还要考虑到几十年后的村镇不滞后。宜居社区与村镇组图如图 3.7 所示。

(a)　　　　(b)

(c)　　　　(d)

图 3.7　宜居社区与村镇
(a)宜居社区外景(一);(b)宜居社区外景(二);(c)宜居社区外景(三);(d)宜居社区外景(四)

3.2.3　城市规划与村镇

　　村镇空间规划与产业发展相协调,促进村镇经济发展、产业发展是社会主义新农村建设的重要支撑。村镇空间规划要从区域范围着手,分析其产业发展的前景,包括农业及其他第一产业的高技术产业、现代农村流通业等。应在规划中留出充足的空间,通过规划协调好村镇自身经济发展与区域经济的关系,整合并充分利用村镇区位、交通、资源、环境等优势条件,从宏观层面为村镇经济发展定位定性,促进其经济快速发展。规划良好的村镇组图如图 3.8 所示。

图 3.8 规划良好的村镇

(a)村镇社区规划(一);(b)村镇社区规划(二);(c)村镇社区规划(三);(d)村镇社区规划(四)

3.3 社区空间结构

3.3.1 空间结构

封闭社区在各种历史因素的作用下体现出不尽相同的特点,其复杂性在以社会转型为背景的我国表现得更加显著。封闭社区作为居住形态的一种,有着强烈的本土色彩。当然,居住形态的演变根植于社会整体的发展进程中,是多种因素共同作用的结果。选择开放社区还是封闭社区,应结合人们的需求和当地的发展程度,因地制宜。传统封闭社区与现代开放社区如图 3.9 所示。

图 3.9　社区空间结构

(a)传统封闭社区(一);(b)传统封闭社区(二);(c)现代开放社区(一);(d)现代开放社区(二)

3.3.2　社区结构

1. 传统居住区的结构形式

传统村庄与集镇的选址、空间布局与空间经营,建筑单体的形式、空间与结构技术特点等凝聚着前人的建筑艺术精华,包含着当地的文化特质。随着社会经济发展,很多村庄往往因外部交通条件、建筑材料、施工技术及生活方式的变化而改变了原有布局、风貌、空间形态。无论是自然条件下的变化,还是社会变革、技术进步引起的村庄居住形态变迁,总体来说,传统的自然村落式居住形态主要有散点式、街巷式、自然组团式、带状式,如图 3.10 所示。

1)散点式

村庄采用散点式布局主要是受地形、传统居住理念等因素影响。村庄中的所有建筑以某个重要场所(如祠堂、晒谷场或水塘)为中心,以单宅或多户大小不一的组团依地形条件呈散点状分布。这种布局看起来无人工规划痕迹,随意性强,但体现着一种既统一又富有变化的自然生长式平面态势,结合周边的山势或水体、绿化掩映,自然环境优美,空间尺度宜人。但局限是房屋间距大小不一,土地利用不够集约。

图 3.10　传统居住区结构形式
(a)散点式;(b)街巷式;(c)自然组团式;(d)带状式

2）街巷式

街巷式布局是住宅沿陆地街巷或水街逐渐发展建设的布局形态。陆地街巷或水体承担了村庄中的物流进出功能,同时也是村民生活交往、进行经济贸易的空间场所。街巷式布局的居住形态往往形成相对封闭的线性、内向型、开放等级不一的空间。街巷式布局的居住空间形态韵律感强烈,村庄的建设基本仍按既有街巷、河街发展,从而固定成有规律的村镇架构,如苏州周庄、上海朱家角等水乡村镇。这些江南水乡村镇具有河街并行的空间格局,居民傍河建屋,依水成街,建筑往往毗邻而建,粉墙黛瓦,形成"小桥流水人家"式的优美传统人居环境。

3）自然组团式

自然组团式布局一般是由散点式布局发展而成的,由散点式建筑逐渐增加建筑的密度,形成若干片式居住组团的建筑群体,各组团间既相对独立又彼此密切联系。这种布局的形成原因有两种:一种是丘陵山区受自然地形影响形成若干组团片区,另一种是平原地区因河湖水塘等水系分割形成若干自然村落组团。自然组团式布局尊重自然,空间形态富于变化。

4）带状式

很多传统村落选址受制于山水地形限制并顺应地势,背山面水,沿等高线线性发展建设,从而逐渐形成长度很长、进深非常有限的聚落形态。现代道路交通条件有了巨大改善,也逐渐形成了很多沿交通要道分布的新型带状村落,甚至出现了道路街道化现象,这是带状式村镇居住形态在现阶段的表现形态。

2. 现代居住区的结构形式

随着传统生产和生活方式的根本变革,村镇居住区逐渐成为村镇总体布局中的独立部分,村镇结构趋向于城市居住区规划结构形式,这也是近年来村镇地区城镇化、新农村建设中集中居住区的常用手法。村镇居住区规划结构形式一方面受自然气候、地形、经济技术条件等因素影响,另一方面还受到住宅本身不同体型、不同组合方式等的制约。村镇住宅一般采用低层(1～3 层)单体或联排式建筑,依据建筑单体的平面布置组合。其规划结构主要有行列式、自由式、混合式等三种基本形式,如图3.11 所示。

(a)　　　　　　　　　　　(b)

(c)　　　　　　　　　　　(d)

(e)　　　　　　　　　　　(f)

图 3.11　现代居住区结构形式

(a)行列式(一);(b)行列式(二);(c)自由式(一);(d)自由式(二);(e)组合式(一);(f)组合式(二)

1）行列式

朝南布置的行列式住宅,夏季通风良好,冬季日照更佳,是我国目前广泛采用的一种布置形式。但这种形式往往容易造成居住区空间单调呆板,为了组织好行列式布置的空间,在实践中发展了各种不同形式的行列式布置方式,既保持了它的良好朝向,又取得了变化丰富的空间效果。例如,采用与道路平行、垂直或成一定角度的布置方法使街景产生变化;建筑物之间采用相互平行和相互交错等布置方式,选择不同角度的建筑围合成不同形状的公共活动绿化空间。

2）自由式

在尊重原有道路、山坡、河湾等地理条件的基础上,灵活自由地安排建筑,以突出村镇的自然山川风貌,体现村镇所特有的自然美的景观环境,防止千村一面、千镇一面的现象发生。自由式布局并不是采用毫无规律的散乱布局,而是按自然所形成的一定趋势,或人为地、有意识地将某种有利自然条件加以利用,或对不利的自然条件加以改造,使每幢建筑单体都具有逐渐变化的位置和朝向,形成有规律的自由式布局。

3）混合式

混合式结构是以行列式布置为主,部分建筑沿周边布置所形成的布局方式。混合式布局保留了行列式布局的优点,加上周边式布置,形成了半开敞的公共庭院空间。周边式布置就是建筑环围院落呈周边布置,这样中部就会形成较大的近乎封闭的公共空间。混合式布局可以改善沿街景观与居住区内部环境,特别是在北方地区,采用混合式布局可以使住区内的气流环境得到一定程度的改善。

3.3.3　网络体系

1. 变动型村镇社区

变动型村镇社区(见图3.12)对应的是规模化、机械化的农业生产方式,社区人口规模较大,且集中度较高,离镇区的空间距离相对较远,社区辐射范围相对更广阔,且一般有等级较高的过境道路的辐射。这类社区需重点考虑的是集中居住对生态的影响、社区的可持续发展及社区的基础设施建设等问题。从生态环境上考虑,聚居点与周围环境形成渗透融合的关系,如模仿生物体结构形成的咬合结构,是根据自然山体环境、水体环境有机排布的居民聚居地,实现了人工环境与自然环境的有机交融。

2. 稳定型村镇社区

对于稳定型村镇社区(见图3.13),居民对土地依赖性强,生产方式以家庭精耕为主,规划设计应与农业生产相适应,需要解决的问题是土地浪费、空间无序组织、人居环境改善和基础设施建设等。稳定型村镇社区在充分利用原有居住地的基础上,临近村道建设,并要求有较好的供排水条件。稳定型村镇社区规模宜与现有的一个村庄规模相对应,一般为200户。社区住宅直接面向主要道路并与之衔接,或者通过主要道路串联起邻里院落,以便开展农民互助运动。一般可不设中心绿地,仅社区入口处预留部分空地,作为将来的公共服务设施用地。每户拥有独立入口,底层设有专门的生产用房。住宅前后分别设有一定面积的前院与后院。前院应以硬质铺地为主,结合主要道路,可以满足晒场等使用功能的需要,后院结合实际情况可用来设置猪圈或者蔬菜苗圃。

(a)　　　　　　　　　　　　(b)

图 3.12　变动型村镇社区
(a)外景(一);(b)外景(二)

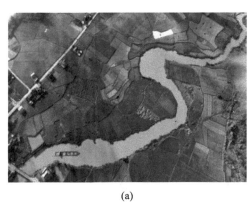

(a)　　　　　　　　　　　　(b)

图 3.13　稳定型村镇社区
(a)外景(一);(b)外景(二)

3.4　空间与设施布局

3.4.1　居住单元

居住单元作为邻里交往、交通安宁和安全控制的范围,包含了数个独栋单元,一般采取周边围合和封闭式管理模式,增强住区防卫能力,并形成尺度适宜的公共院落空间,为人们提供一个安全舒适的交往场所。居住单元又指居住建筑中,每层楼使用统一楼梯的住户范围。村镇社区居住单元如图 3.14 所示。

居住单元的组织方式,在保证基本居住单元内居民生活空间完整性的同时,又不

(a)　　　　　　　　　　　　　　　　(b)

图 3.14　村镇社区居住单元

(a)方案(一);(b)方案(二)

影响城市空间与住区的有效衔接。基本居住单元的层数与建筑形态因其在住区内的位置不同而有所变化。

3.4.2　设施布局

村镇社区设施包括公共服务设施、教育设施、绿地系统、室内外活动场地、道路系统、停车设施六大类。各项公共服务设施、交通设施以及户外活动场地的布局在满足各自的规范标准的同时,还要满足居民有更多的选择目标,如图 3.15 所示。

(a)　　　　　　　　　　　　　　　　(b)

图 3.15　村镇社区设施

(a)儿童娱乐设施;(b)公共活动场地

1. 公共服务设施

公共服务设施应根据设置规模、服务对象、服务时间和服务内容等特性,在空间和平面上组合布置。商业设施和服务设施宜相对集中布置在社区的出入口处,文化娱乐设施宜分散布置在社区内或集中布置在社区中心,居民进行综合性活动的设施宜安排在社区内较为重要和靠近大门的位置。

2. 教育设施

各类教育设施应安排在社区内部,与社区的步行道和绿地系统相联系,并宜接近社区中心。中小学位置应考虑噪声影响、服务范围及出入口位置等因素,避免对社区居民的日常生活和正常通行产生干扰。

3. 绿地系统

绿地系统的布局应达到环境与景观共享、自然与人工共融的目标,在社区生态建设方面要求充分考虑保持和利用自然的地形、地貌。社区绿地系统布局宜贯通整个社区的各个具有公共性质的户外空间,并应尽可能地通达至住宅。绿地系统布局应与社区的步行游憩布局结合,并将社区的户外活动场地纳入其中。绿地系统不宜被车行道过多地分隔或穿越,也不宜与车行系统重合。

4. 室内外活动场地

各类户外活动场地应与社区的步行道和绿地系统紧密联系或结合,位置和通路应具有良好的通达性。幼儿和儿童活动场地应接近住宅并易于成年人监护,青少年活动场地应避免对居民正常生活产生噪声或其他影响,老年人活动场地宜相对集中,如图 3.16 所示。

(a)   (b)

(c)   (d)

图 3.16 村镇社区室内外活动场地

(a)活动场所(一);(b)活动场所(二);(c)活动场所(三);(d)活动场所(四)

5. 道路系统

社区的道路系统规划布局应以社区的交通组织为基础,社区的交通组织一般分为人车分行和人车混行两种。社区的交通组织宜以适度的人车分行为主,道路布局应充分考虑周边道路性质、等级、线形及交通组织状况,以利于社区居民出行,促进该地块功能的合理开发,避免对城市交通造成影响。道路布局结构是社区整体规划结构的骨架,在满足居民出行需求的前提下,应充分考虑其对社区空间景观、空间层次形象特征的建设。

6. 停车设施

停车设施布局应依据居民出行的方便程度进行安排,并应该从保证社区的宁静、安全和生态环境的角度来考虑。居民的非机动车停车宜尽可能安排在室内,并在相对集中的前提下尽可能接近自家单元,可以以一个住宅族群(250～300 辆)为单位集中设置,晚间路边停车的方式可以作为居民私家车停放的辅助方式之一,公交站点应接近社区的主要出入口。

3.4.3 公共开放空间

社区中的公共开放空间在构建空间布局和体系的过程中具有重要作用。村镇社区的公共开放空间相对占地小、数量多,其主要特点是就地服务居民,居民可以在公共开放空间进行运动锻炼、游乐玩耍、教育看护及社交集会。根据现实情况,社区生活圈层的公共开放空间可以布置为设施服务健全的游憩中心,或者布置更加灵活丰富的公共绿地或者公园,以及各种类型的运动场地和开敞空间,以此满足居民日常生活、休闲、娱乐、交友等要求,如图 3.17 所示。

(a)　　　　　　　　　　　　　(b)

(c)　　　　　　　　　　　　　(d)

图 3.17　村镇社区公共开放空间
(a)空间(一);(b)空间(二);(c)空间(三);(d)空间(四)

　　设计村镇社区公共开放空间时,应该充分考虑居民的意见,并根据社区人口组成、年龄比例、活动要求等,因地制宜,建设合理、适宜、以人为核心的村镇社区公共开放空间。

3.5　道路交通体系

3.5.1　道路结构形式

　　村镇社区道路系统的结构形式,必须结合当地的地形地质等自然条件、经济发展要求、交通构成等因素综合考虑,一味地追求道路的整齐平直而机械地采取某种形式的做法是不可取的。方格网式(棋盘式)、自由式、混合式、放射环式是村镇社区常用的四种道路系统形式,而纯粹的放射环式道路系统目前在村镇社区中已极少应用。常见的道路结构形式如图 3.18 所示。

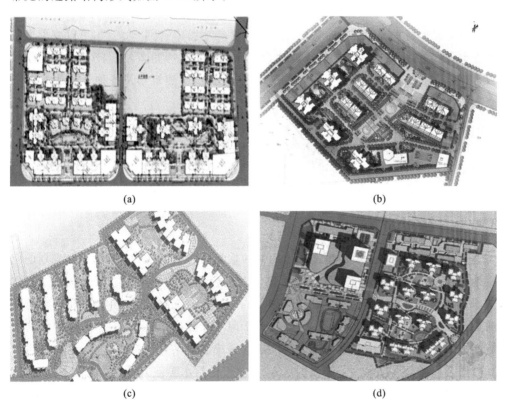

图 3.18　常见的道路结构形式

(a)方格网式;(b)自由式;(c)混合式(一);(d)混合式(二)

1. 方格网式

方格网式因为类似棋盘结构而被形象地称为棋盘式。方格网式道路系统是最常见的村镇社区道路网形式,特别适用于地形平坦的村镇社区。

这种道路布置方式的优点如下:

①街道布局比较规整,方向感比较强;

②各道路之间的用地基本上为规则的形状,方便土地利用;

③车辆通行简单灵活,交通量在各条道路上分布也均匀;

④当某条道路通行不畅或封闭时,车辆可以在不增加行程的情况下改走其他路线。

但方格网式道路系统也有自己的不足,最主要的体现就是对角线方向上通行不便。非直线系数较大,一般可以达到1.2~1.41。

2. 自由式

自由式道路系统需要结合地形条件设置,道路布置与地形起伏紧密结合,道路走向灵活,没有固定的模板。许多地形起伏较大的山地丘陵区村镇进行道路系统规划时,一般优先考虑自由式路网。

自由式道路系统的优点是可以充分结合自然地形,路线生动活泼,可以减少道路工程土石方量,从而实现良好的经济性。其缺点是路线弯曲多,方向多变,非直线系数也比较大。曲折的路线会形成许多不规则的用地,对建筑物及各种管线的布置不利。

3. 混合式

混合式又称综合式,这种道路系统充分结合村镇的自然条件和现状,尽量吸收各种道路系统的优点,在充分考虑实际情况的基础上,因地制宜地规划布置村镇道路系统。很多村镇的混合式道路网是由于村镇规模的不断扩大而分阶段形成的。

3.5.2　道路空间

道路空间情况也是村镇道路系统规划的重要依据,如图3.19所示。在规划前应实地调查当前路网情况及道路的宽度、坡度等几何指标,了解村镇交通运输的主要方式,村镇机动车、自行车、兽力车等车辆的拥有量,主要道路的日交通量、高峰小时交通量、交通拥堵和交通事故概况,等等。对于河流较多的地区,还必须考虑桥梁的承载能力及分布情况。由于道路建设与供排水系统建设结合得很紧密,所以在道路规划时还必须考虑供排水要求。在供水方面,主要包括水源地、水厂、水塔位置及容量、管网走向及长度。在排水方面,主要有排水体制、管网及明沟走向、长度、出口位置、污水处理情况及雨水排除情况。

新建道路是对原有路网的合理补充,规划时应结合村镇的功能定位、土地利用计划及现有路网存在的问题,在调查分析的基础上,将村镇道路建设和村镇改造相结合,如图3.20所示。在做路网规划时,应尽量使现有路网的功能得到充分发挥,这样可以节省投资,减少拆迁工程量且节约用地,但对现有路网中不能适应交通需求的关键节点,一定要重点改造。

图 3.19　道路空间形式

(a)道路空间(一);(b)道路空间(二);(c)道路空间(三);(d)道路空间(四)

图 3.20　新老道路结合

(a)村镇道路(一);(b)村镇道路(二)

1. 充分应用自然条件

地形、地质等自然条件,对道路走向有很大的影响。选线时充分结合地形,可以降低工程造价,经济性更好。考虑到不同等级道路的功能及交通要求,村镇干道应尽可能平直。在条件困难、地形起伏很大的村镇,主干道走向也宜与等高线成小夹角相交。条件受限严重时,可以考虑采用分离式路基。如果地形起伏过大,在迫不得已的情况下,支路通常采用"之"字形道路。地质情况也对道路走向有很大的影响,选线时应尽量避开软弱土等不良地质,遇到地形破碎地段时应尽量绕开。虽然绕避不良地质会增大道路的非直线系数,但可以大大减少土石方量,工程经济性更好;并且能够降低施工难度,从而缩短工期;同时也使道路纵坡平缓,有利于车辆通行。

2. 塑造良好的村镇窗口

村镇道路不仅是交通运输的载体,也是村镇风貌的重要组成部分,是村镇形象的窗口。道路的美观首先要求线形柔顺,能给人一种良好的曲折起伏感;道路的绿化要根据当地的气候选择合适的树种,各种植物适当搭配,给人自然清新的美感。在地形起伏较大的山区,道路的纵坡往往较大,上下起伏的现象往往在所难免。在竖曲线的选择上,凹形竖曲线给人一种赏心悦目的感觉,景观性较好;而凸形竖曲线的景观性相对较差,会让人感觉比较突兀。为了避免给人一种道路凌空中断的感觉,常用的办法是在凸形顶点处适当布置绿化,如图 3.21 所示。

(a)　　　　　　　　　　　　　　　　　　　(b)

图 3.21　美观的村镇社区道路

(a)道路(一);(b)道路(二)

3. 满足通风采光要求,注意防范噪声污染

通风要求也是村镇道路系统规划应该考虑的重要问题,不同地区要根据当地的气候选择适合的布置方式。一般南方地区的村镇气候炎热,降雨量大,为了避免夏季村镇内部过于闷热,道路走向最好平行于夏季主导风向;北方地区的村镇冬天一般比较冷,为了不让寒风直接灌入村镇内部,主干道宜与西北向垂直或接近垂直。日照条件也是村镇道路系统规划时应该考虑的因素之一,尽量使街道两侧的建筑都能满足

采光要求。随着经济的发展,交通运输需求越来越大,村镇机动车的保有量迅速增加。在方便生活的同时,也引起了一些负面的影响,如噪声污染及尾气排放等。在进行村镇道路系统规划时,必须综合考虑上述因素。

4. 考虑雨水的及时排除

雨水的及时排除是确定道路标高时需要认真考虑的一个问题,如图 3.22 所示,这与当地的降雨量及地形等密切相关。如果雨水不能及时排除,不仅会使道路通行受到严重影响,也会给道路沿线的居民带来极大的不便。一般街道的标高稍低于两侧街坊地面的标高最为合适。

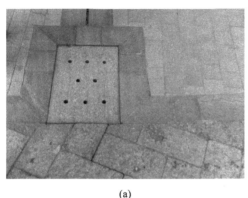 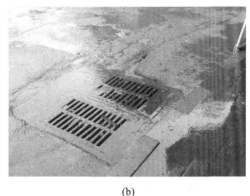

(a)   (b)

图 3.22　道路排水口

(a)排水口(一);(b)排水口(二)

5. 为各种附属设施的布置创造条件

如今的村镇居民经济水平逐步提高,生活配套设施建设也越来越多,各类公用管线及架杆已非常普遍。因此,在进行村镇社区道路系统规划设计时,必须搞清道路上需要布置的管线类型、数量、布置方式及技术要求,结合各种管线的用地要求,综合考虑,统一安排。

3.5.3　交通组织

近年来,随着运输效率的提高,村镇运输车辆中快速机动车的比例越来越高,而公路经过村镇会严重制约车辆的行车速度,并容易造成交通事故。另外,村镇沿公路布局会使村镇建设用地过于狭长,不利于形成良好科学的道路网,还会造成用地浪费;公路从村镇中心通过,会造成村镇两侧通行不畅,各种公共设施都要穿过公路,建设的难度自然加大。

在新时期的生态宜居村镇建设中,要充分考虑外部道路对村镇社区的影响,避免外部道路穿越社区,形成等级分明的道路组织体系,如图 3.23 所示。

(a)　　　　　　　　　　　　　　　　(b)

图 3.23　社区与公路
(a)公路(一)；(b)公路(二)

3.6　建筑结构体系

3.6.1　院落空间

　　村镇社区大多都带院落,庭院型住宅是一种舒适型村镇住宅,设计应同自然环境契合,使整栋住宅宽敞、舒适、宁静、典雅、令人向往。随着社会经济的发展,人们对居住条件的改善要求大幅提高,在经济发达地区,特别是经济特区城市周围村镇的富裕村民,都在村镇社区所在地兴建独栋的庭院型住宅。而院落空间的合理设计使居民能更好地体验乡村生活。

　　1. 院落空间的尺度

　　空间是人们赖以生存的场所。空间尺度除了空间的长、宽、高三个维度,还应包含与周边其他事物的视觉心理感受的关系。中国传统民居大院的空间尺度由基本模数控制,我国群体建筑中还会运用"形"和"势","百尺为形,千尺为势",讲究的就是一定的模数关系。合理运用这些特定的模数关系来设计建筑的体量和院落空间的大小等,能给人们在使用上、视觉上以及心理感受上带来最佳的状态。村镇社区院落空间如图 3.24 至图 3.26 所示。

　　2. 院落空间的比例

　　传统民居大院的空间组织秩序是按照空间的私密性来布局的。根据私密性的不同,空间可以分为公共空间、半公共空间、较为私密空间和私密空间。如果纵向轴线上的院落空间较少,就分为公共空间和私密空间。通过这种空间组织秩序,给院落空间赋予不同的功能(如社交性院落、生活性院落),使得会客、交流、生活在不同的空间内井然有序。同时,还可以有效地控制交往空间的分寸,使得主宾之间都收放自如。

图 3.24　村镇社区院落空间（一）
（a）绿化；（b）植物；（c）庭院；（d）入口

图 3.25　村镇社区院落空间（二）
（a）外景；（b）空间

3. 院落空间组织方式

　　院落空间的组织方式主要有轴线、控制线和网格三种。这三种方式使得院落的空间组织秩序井井有条，并且呈渐进的形态。轴线是空间组织中最常见也是最有效

 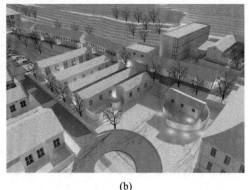

| (a) | (b) |

图 3.26 村镇社区院落空间（三）

(a)出入口；(b)布局

的一种组织方式,可使空间具有序列感。轴线分为多种,如对称轴线、心理轴线等。控制线是通过诸如平行线、垂直线、等角线等有相互关系的线条来控制建筑形态,包括尺度、位置关系等,使建筑外形具有和谐美。网格是对成片的民居运用的一种控制方式,多见于片区、街巷的控制。网格没有方向和等级之分,还可以向第三方向延伸,形成空间网格,这种组织方式在高层上比较常见。几何方形是最为常见的网格。

3.6.2 防灾减灾

1. 利用法律法规力量,规范农村建筑防灾减灾工作

1)全面推进将村镇民居纳入相关法律监管范围

将我国村镇社区中大部分民房纳入相关法律的监管范围,赋予基层管理组织一定的执法力量,使管理工作有法可依,达到预期的管理效果。只有依靠法律的效力及约束力,基层管理的效力才能最大化发挥,相关细则的推进才能深入村镇居民。

2)地方推出各地适用的法规细则,提高法规的可操作性

我国幅员辽阔,各地在经济发展、自然状况等方面相差甚远,应根据各地具体情况,组织相关专业人员编写适用于当地的法规细则。结合本地灾害现状,综合考虑村民的经济水平、当地建材及习惯做法,修改并完善通用设计图集,力求简明扼要、操作性强,提高其在建房中的可接受度;尽快出台地方规划法规,杜绝宅基地区域批复,细化相关要求(如房屋间距、建筑密度等);出台对村镇工匠的资格审核方法;杜绝无证施工,保证施工质量。对村民采取防灾措施的鼓励政策,提高村民在防灾上的积极性。

2. 加强宣传教育及培训,提高防灾意识

1)加强对村镇施工人员的专业培训

村镇房屋的施工质量对房屋的抗灾性能有很大影响。针对目前村镇施工人员缺乏建房专业性知识,凭经验施工及缺乏防灾减灾意识等问题,组织村镇工匠进行定期

培训,普及专业民房建设技术,提高他们的专业能力,特别加强在重点环节的培训,如图纸阅读、质量控制、基础开挖、墙体砌筑、楼板屋架安装、砂浆混凝土搅拌等,培养整个施工过程中的防灾意识。

2）提高公民的防灾意识及责任意识

利用广播、电视、报纸、宣传册、主题讲座、展览会等方式,普及防灾减灾知识,提高村民的自我保护与救助能力,降低村民对政府监管的排斥心理。在经济条件允许的村镇,组织全村村民开展防灾演习活动,培养村民在灾害来临时不慌乱,懂得如何躲避与救助。防灾意识从娃娃抓起,在灾害多发的村镇,学校应增加防灾知识及自救相关课程,提高中小学生防灾意识。社区安全宣传如图 3.27 所示。

(a)　　　　　　　　　　　　　　(b)

图 3.27　社区安全宣传

（a)宣传板；(b)宣传栏

3. 加强村镇建设全寿命周期的专业性

村镇社区在整个建设过程中均缺乏专业性,如设计费用较低,不能吸引专业的设计机构；施工方面也缺乏专业的监理机构控制工程质量。这种专业性的缺乏与我国村镇发展滞后的现状是有直接关系的。针对目前现状,应做以下努力。

1）完善细化标准图集,弥补专业人员的不足

尽管目前我国大多数村镇建设已有标准设计图集,但在村民建房中的普及率不高。如果标准图集不够详尽,对房屋安全保障就起不到应有的作用。因此,聘请专业人员完善并改进当地的标准图集十分有必要,能在一定程度上弥补村民在专业性上的缺失。

2）加大专业人才在农村防灾方面的投入

解决农村缺乏专业人员的问题有两个路径。其一是大力培养建筑专业技术服务人才,将建筑专业性服务延伸到农村。但是人才的培养是一个长期的过程,不可能在短时间内达到预期目标,并且目前村民的经济情况也存在着购买力上的局限,针对有偿服务的接受度较差。其二是通过鼓励专业技术人员定期或不定期地对村镇建筑提

供专业咨询指导服务,提高专业人员的积极性是这一方法的关键。

专业与安全施工如图 3.28 所示。

(a)   (b)

图 3.28 专业与安全施工

(a)施工现场;(b)施工空间

4. 推进政府的经济政策及激励政策

1) 推进农村低息住房贷款

村镇居民缺乏建房资金是建筑抗灾能力差的主要原因之一。解决建房资金短缺对促进村镇住房的抗灾能力有很大的推动作用。政府应大力推进住房信贷等消费信贷业务的开展,巩固农村信用社的主体地位,相关的信贷人员应深入农村搞好调查,了解当地民居的建设情况,农户的整体信用、资金需求及对新农居的购买意愿等。通过一定的宣传,改变村民对信贷业务的看法。针对村镇具体情况,推出低息贷款、放宽贷款期限和贷款额度的一系列优惠政策。

2) 重视经济落后的地震高发区,给予补助政策

我国农村地区量大面广,全农村的抗灾补助资金筹措是一个很大的难题。从主要问题入手,以点带面,先将补助对象的重点放在地震高发区特别是经济落后的地震高发区,给予这些地区经济困难的农户一定的建房补贴,以提供现金、免费技术服务和有防灾性能的建筑材料等方式实行。通过相关的约束政策,保证抗灾建房补助运用到位。对积极按照抗震要求进行建设的群众,明确提出奖励的措施和方式,提高村民的积极性。特别加强对基础设施、公共设施(如医院、学校等)建设的经济投入,使其达到防灾设防的要求,不仅有助于提高抗灾能力,还有利于灾后的救援和恢复。

3) 加大对村镇防灾实用化研究的经济支持和推广

政府应加大对村镇社区防灾措施研究的经济支持,投入资金鼓励相关专家进一步研究村镇社区防灾的实用性措施,力求研究出适应我国村镇民情的实用性强的防灾措施。同时,投入一定资金组织专门力量开发科学合理、经济适用、符合当地风俗习惯、能够达到抗震设防要求、适合不同户型结构的当地民居建设图集和施工技术,

并鼓励专业人员为村民提供无偿、定期的技术咨询服务，指导村民选用正确的住宅设计及基础形式。

5. 加强基础管理部门的管理力度

1）建立民居基础数据档案

掌握基础数据是村镇制定防灾减灾策略、规划及相关政策的前提条件。尽快建立当地村镇社区的结构形式、抗灾能力、场地条件等基础数据，有利于因地制宜地确定当地的防灾重点并完善标准设计图集，普及防灾技术措施。建立基础数据档案的过程可以促使基层管理机构更好地了解村镇现状，指导村民采取必要的防灾措施。

2）监管与服务的双重职能

村民的"自建自用"心理导致其对政府监管存在一定的排斥性。基层组织应摆正自己的位置，即监管与服务双管齐下，这样一方面能消除村民的排斥心理，另一方面能通过合理的咨询指导等服务进一步提高农村民居的抗灾能力。在宅基地批复、设计、施工等建筑全过程中，监管的同时应提供全过程的咨询及服务，同时注重鼓励引导村民采取正确的防灾措施。

3）因地制宜，适度推进示范工程

示范工程的顺利推进离不开政府的政策扶持及引导。政府应把握"因地制宜，适度推进"的原则，注意调动各方积极性并做长期的努力。示范工程的推进能够带动和引导农村居民建设规范化。以城带乡，以点带面，通过示范区、示范户的建设，提高整个村镇社区的防灾能力。

3.6.3　环保节能

设计是建筑的理性实现，在设计之初，树立环保节能的观念，把建筑融入大自然中，充分考虑如何提高资源的利用率，才能更好地把建筑与当地的文化、自然气候相结合，并且保护建筑周边的自然环境。环保节能社区如图3.29、图3.30所示。

环保建筑是将建筑与大自然融合，加强人与自然的沟通，并且合理利用植物绿化系统的调节作用。遵循建立环保节能型建筑的建设理念，我们在设计中应充分考虑利用太阳能等可再生能源，根据自然条件仿真设计出仿真风冷系统，实现人与大自然的和谐共存。一般建筑的设计理念都是封闭的，这与大自然的和谐发展不相符合。和谐共生的理念是在强调"适用、健康、高效"的内部环境的同时，还要兼顾与外部环境及周边环境呼应默契，强调内部与外部和谐统一，人与大自然追求建筑和环境生态共存。

环保建筑的全寿命周期就像人的寿命周期一样，从项目早期的"孕育"到中期的发展成熟，再到最后的衰老终结，如此循环一个周期。环保节能建筑的全寿命周期过程，在早期"孕育"的时候，就要充分吸收营养物质，也就是充分利用环境资源；到后来

(a)　　　　　　　　　　　　　　　(b)

图 3.29　环保节能社区(一)

(a)社区外景;(b)社区环境

(a)　　　　　　　　　　　　　　　(b)

图 3.30　环保节能社区(二)

(a)空间绿化;(b)节能设施

的发展成熟阶段,不仅要实现自己的目标,还要在不破坏外部环境的原则下,也就是在施工与使用中,保证污染与影响最小化。我们要为自己创造一种无害的环境、高效方便的空间、舒适健康的氛围。

3.7　生态景观体系

3.7.1　场地选择

优美的景观也是良好人居环境的必要条件。以往,农村是由普通民居和一些公共建筑生成的村镇,就是人的聚居和活动的场所,其建筑形式首先受经济承载力的影响,其次考虑使用功能的需求,最后才考虑审美的需要。如今农民的生活水平不断提高,审美观念逐渐加强,对村镇内的景观也有了更高的要求,如图 3.31 所示。

(a)　　　　　　　　　　　　　　　　(b)

图 3.31　村镇景观
(a)外景(一);(b)外景(二)

景观设计是指在建筑设计或规划设计的过程中,对周围环境要素、自然要素和人工要素进行整体考虑和设计,使得建筑物与自然环境产生呼应关系,从而提高整体的艺术水平和欣赏价值。而在诸多因素之中,场地的选择尤为重要。

对于场地原有的自然生态,应尽可能将有价值的生态要素保留下来并加以利用,将其融入园林景观的创作中;尽可能保留其自然要素,如泉水、溪流、造型树、名树古木、地形等。这是对场地自然价值的认识和尊重,这样既能减少对原有生态系统的破坏,又能在一定程度上降低资金成本。造园必先相地,场地因情况不同要分别对待。依靠所在场地的地形、地貌、地势等设计景观,同时通过一定的技法和形式(如远借、邻借、仰借、俯借)将场地外的优美景致借入场景中,可以打造一个充满生机的有机整体。远山塔影、飞鸟流云,本无知觉,自在无为,却被纳入人们的生活环境中,借景之法极大地开拓和丰富了园林美的境界。正如明末造园家计成在《园冶》中所讲:"夫借景,林园之最要者也。"由此可见借景在园林设计中的重要性。

除了保护和利用场地内积极的因素,还要注意消极的场地特征对设计的干扰,如有毒的废气物、有病害的植被、荒废的建筑物,以及其他不雅的景致,应该或采用种植植物或彻底剔除等设计手法进行一定的改善。同时,场地与外界环境联系部分的处理手法,要因时而定:在某些有功能需要或街景环境优良的地段,应采取通透的处理手法;而在过于嘈杂或环境较差的街面,及与场地内景观不相协调的情况下,需要将内外环境分离,遮挡不利于景观的因素,进行封闭处理,从而达到优化景观效果的目的。

3.7.2　植被保护

土壤是植物赖以生存的基础,植被是生态系统中物质循环和能量交换的枢纽,是防止生态退化的物质基础,村镇植被景观如图 3.32 所示。在"植被—土壤"系统中,土壤微生物作为土壤分解系统的重要组成,和其他土壤生物发生相互作用,通过营养元素的周转调节养分供应,影响植物的生长、资源分配和化学组成,既是土壤中营养元素的"源",又是营养元素的"库",因此土壤微生物对植物的生长和发育、土壤群落结构演替具有重要的作用。土壤微生物活性和群落结构不仅可以敏感地指示气候和土壤环境条件的变化,而且能够反映出土壤生态系统的质量和健康状况,在监测土壤质量变化和胁迫中起着重要的作用。同时,土壤微生物种类、结构及活性与土壤矿化也有密切的关系。所以对土壤微生物群落结构和功能的研究一直是土壤生态学研究的一个热点。

(a)　　　　　　　　　　　　　　(b)

图 3.32　村镇植被景观

(a)景观(一);(b)景观(二)

在植被恢复过程中,土壤理化性质会随着植被的种类和恢复年限发生改变,植物从土壤中吸收营养元素为自身所用,又通过枯落物、根系分泌物等形式向土壤归还养分,二者相辅相成又相互制约。植被恢复有利于促进土壤发育,改善土壤特性,使土壤有机质增加,土壤理化性质得到明显改善。研究表明,植被类型显著影响林地土壤特征,包括腐殖质形态,营养成分,碳、氮和磷的矿化速率,以及硝化和反硝化速率,这是由于不同植被的枯落物的质和量、根的分泌物及营养吸收不同,影响土壤微生物的量和活性,从而进一步影响土壤碳、氮、磷的循环。

恢复植被和增加森林覆盖度是改善生态环境、防止土地退化、提高土壤肥力和生产能力的有效途径,在水土流失严重的黄土高原和其他干旱、半干旱地区,这一作用尤为明显,已经成为改善生态环境和可持续发展的主要战略措施。

3.7.3　广场设置

一些小村镇只有三五户或十几户人家,稀疏地呈片状分布在田间地头。但随着聚落规模的逐步扩大和集约化程度的提高,如何增强村民之间的联系成为一个问题。

从构成的角度来看,广场被视为村落空间节点,用来开展公共活动。广场有时可以作为村镇中心和标志,传统的村镇广场担负着宗教集会、商务和平日生活集会等许多功能。广场作为村庄公共建筑的扩展和道路空间融合的存在,成为村民活动中心空间。对于某些村镇,广场的功能不仅限于宗教祭祀、公共交往及商品交易等活动,还要起到交通枢纽的作用。特别是某些规模较大、布局紧凑的村镇,由于以街巷空间交织成的交通网络比较复杂,当遇到几条路口汇集于一处时,便不期而遇地形成了一个广场,并以它作为乡村的交通枢纽,同时具有道路连接和人流集中的特点。

1. 传统村镇广场的多功能性

除了主要街道,传统村落还在村头街巷交界处或居住群体之间,构建乡镇的主要空间节点,以形成村镇广场,如图 3.33 所示。广场是村镇公共建筑外部空间与街道空间的延伸。广场总面积不是很大,根据实际情况因地制宜,自发形成不对称的形式,很少是规则的几何图形。曲折的道路,由角进入广场,根据周围建筑的不同性质,打开一个正方形或一个封闭的墙,由此到达广场。小村镇一般有一两处广场,通常为年轻人、老年人、儿童进行游乐休息、节日里聚会、赛歌等活动的空间,具备多功能特性,是全龄友好设计理念的典型代表。

在村镇一些重要的公共建筑和标志建筑处都会形成中心广场,广场承担多种功能,如戏台广场、庙前广场等,家族的祠堂前也会设一个广场。

(a)　　　　　　　　　　　　　　　　(b)

图 3.33　村镇广场景观

(a)广场设计(一);(b)广场设计(二)

2. 传统村镇节点空间的不明确性

许多村镇的节点空间与港口、桥梁、小广场、绿地和街道空间是密不可分的。因此,对空间的性质、活动、气氛、意义都有影响,丰富了空间的层次。传统村落空间形态显示,由于自然增长发展而产生的混合功能没有明确的形态特征分区。街巷空间是封闭的,空间狭窄,很难达到公开或舒适的感觉,可以通过对比的手法进入广场,营造一种别有洞天的体验。例如,在街巷空间中插入景观、广场等元素,使多种功能区有机结合,舒缓街巷空间的闭塞感。

3. 尺度宜人的空间结构

传统村镇中的广场因承担人们聚集的功能,是村镇聚落中尺度较大的空间,包括街巷广场、集会广场、入口广场等几种形式。街巷广场也是居民的交通广场,可以是一个石桥、街道、车道交叉,相互关联的空间,一般小于街道节点大空间的尺度,供行人休息。大型集镇中,集会广场是不定期或定期举行集会贸易的场所,主要是配合拱形入口广场、照壁、商业街,形成相对开放的空间,是人流聚集的主要场所。

3.7.4 景观小品

在进行村镇社区的景观小品设计时,以当地原有的生态特色文化为基础,进行强化和优化设计,形成特有的本地文化景观。村镇的建筑代表这个区域的原始风貌,进而体现出村镇的历史价值。在规划中,需要广泛深入地探寻其中自然资源及人文资源的可利用要素,要做到一村一品,各尽其美,打造乡村特色鲜明的生态景观、乡土人文、创意艺术,实现产业发展,保留村庄文化,推进生态和文化的共同发展。

景观小品与设施在景观环境中表现种类较多,具体包括雕塑、壁画、艺术装置、座椅、电话亭、指示牌、灯具、垃圾箱、健身设施、游戏设施、建筑门窗装饰灯等,可根据村镇历史文脉、居民生活文脉打造景观小品,创造有特色、有文化、有创意、有风格的村镇景观,如图 3.34 所示。

(a)   (b)

图 3.34　村镇景观小品

(a)造型(一);(b)造型(二)

3.8　基础设施配套

3.8.1　管线综合

与城镇基础设施相比,村镇社区管线综合条件有以下四个特征。

一是道路比较窄。人口规模在 1 000～10 000 人的村镇社区设 20 m 左右宽的干道,人口规模在 1 000 人以下的村镇社区只设宽度在 10～12 m 的支路和宽度 3.5～5 m 的巷路。宽度在 20 m 及以上的道路管线综合方便布置,宽度在 10 m 以下的道路断面上进行管道平面布置,道路下用地比较紧张。

二是道路建设不规范。宽度在 10～12 m 的支路一般不分快慢车道,宽度 6～7 m 的支路没有人行道,巷道两侧边界分别是庭院围墙和建筑外墙,不易布置管线。

三是山区、半山区的村镇社区,土壤地质条件复杂,地形高差较大,道路不规则,加大了管线综合敷设的难度。

四是无论采暖或非采暖地区,参加社区管线综合敷设的管道种类、数量都少于同一地区的城镇市政管道,且管径较小;大多数村镇社区道路上、下的现状管道很少,这一条件在一定意义上缓解了管道综合敷设的难度。

1. 地下敷设

1) 直埋敷设

①严寒或寒冷地区给水、排水、燃气工程管线应根据土壤冰冻深度确定管线覆土深度;热力、电信电缆等工程管线,以及严寒或寒冷地区以外地区的工程管线,应根据地质条件和地面荷载的大小确定管线的覆土深度。管线的最小覆土深度应参照现行国家标准《城市工程管线综合规划规范》(GB 50289—2016)中有关工程管线最小覆土深度标准执行。

②工程管线在道路下面的规划位置宜根据道路宽度确定。应布置在人行道、绿化带或非机动车道下面。在不分快慢道的支路上,当其宽度不足以安排上述所有管道时,电信电缆、热力管道优先布置在人行道或绿化带下;给水、燃气、污(雨)水等工程管线可布置在车道下面,若雨水采用暗(明)沟排水,可设置在道路两侧。

③工程管线在道路下面的规划位置宜相对固定。从道路红线向道路中心线方向平行布置的次序,应根据工程管线的性质、埋设深度等确定。分支线少、埋设深、检修周期短和可燃、易燃及损坏时对建筑物基础安全有影响的工程管线应远离建筑物,以建筑物外墙为基准,布置次序宜为电信电缆管线、燃气管线、给水管线、热力管线、雨水管线、污水管线。

④为维护管线的正常管理运行和检修,各种工程管线不应在垂直方向上平行重叠直埋敷设。

⑤当工程管线穿越河底敷设时,应选择在稳定河段,埋设深度应不妨碍河道的整治和管线安全。

⑥工程管线之间及其与建(构)筑物之间的最小水平净距应参照《城市工程管线综合规划规范》(GB 50289—2016)的相关标准执行。当受道路宽度以及现状工程管线位置等因素限制,难以满足要求时,可根据实际情况采取安全措施后减少其最小水平净距。

⑦为保证建筑物的基础安全,对于埋深大于建(构)筑物基础的工程管线,其与建(构)筑物之间的最小水平距离应经计算折算成水平净距,并满足《城市工程管线综合

规划规范》(GB 50289—2016)的相关标准要求。

⑧当工程管线交叉敷设时,自地表面向下的排列顺序宜为电信电缆管线、热力管线、燃气管线、给水管线、雨水管线、污水管线。交叉时的最小垂直净距应参照《城市工程管线综合规划规范》(GB 50289—2016)的有关标准执行。

2)综合管沟敷设

①当遇不宜开挖的路面,道路宽度难以满足直埋敷设多种管线的路段,或工程管线与铁路、河流交叉时,工程管线可采用综合管沟集中敷设。在社区巷路宽度不能满足埋地敷设多条管线时,可采用不通行综合管沟形式敷设。

②综合管沟内可敷设电信电缆管线、给水(含再生水)管线、热力管线。雨水管线、污水管线、燃气管线存在泄漏隐患,不宜敷设在综合管沟内。

③敷设干线的综合管沟应设置在机动车道下面,其覆土深度应根据道路路基、过车荷载及当地的冰冻深度等因素确定;敷设支线的综合管沟应设置在人行道或非机动车道下,其埋设深度根据道路路基和当地的冰冻深度等因素确定。

2. 架空敷设

村镇社区干、支路架空敷设的管线主要是 10 kV 及以下的电力电线。架空电线应与通过地段的道路、街景规划相结合;线杆宜设置在人行道上距路缘石不大于 1 m 的位置,有分车带的道路,架空线线杆宜布置在分车带内;供电线路进入巷路应采用电力电缆,可沿巷路纵向建筑后墙穿管敷设。

当因条件所限,干、支路上的电信电缆需架空敷设时,为保证电信信号不受干扰,电信架空杆线与电力架空杆线宜分别架设在道路两侧。

当工程管线采用架空方式跨越河流时,宜利用交通桥梁进行架设,但可燃、易燃管线应设专用桥架跨越河流,电力电线应架空敷设。

架空管线与建(构)筑物等的最小水平净距和架空管线交叉时的最小垂直净距参照《城市工程管线综合规划规范》(GB 50289—2016)的有关标准执行。

3.8.2 市政环卫

绿色村镇社区由环卫体系支撑,其低碳发展指的是,在村镇社区生活、生产垃圾的全生命周期里,包括原材料获取及生产,产品制造及使用,废弃物收集、回收、再利用及最终处理与处置等环节,其中能源输入、输出及相应环境排放过程中减少碳排放,提高物资、能源的利用效率,减少所排放废弃物的环境影响,从而构建由环卫体系引导的垃圾处理减排策略,以实现绿色村镇社区低碳化发展的目标。

社区生活、生产消费后产生的垃圾是我国温室气体的来源之一,村民通过煤炭、秸秆、木柴等燃料的燃烧,农业及畜牧业的生活和生产活动,生活和生产固体废弃物的处理处置,以及环卫设施的土地利用等,排放了大量温室气体。由于农村固体废弃物的产生量呈持续上升趋势,垃圾没有经过无害化处理便向环境中肆意排放,造成空气、水源、土壤等严重污染,从而导致农村人居环境和生态环境质量下降,并造成严重的环境和社会问题。因此,控制农村由废弃物不适当的处理导致的温室气体,已经成为绿色村镇建设首先要解决的问题之一。

在低碳经济要求下,构建适合绿色村镇发展的环卫体系模式,必须采取相应的减排方式,提高环卫体系中垃圾处理系统的效能,保证绿色村镇经济、社会与环境的协同和可持续发展。现阶段研究普遍接受的一种垃圾管理方式为源头尽量避免垃圾产生,已产生的进行资源化回收利用,对于回收利用剩下的无价值的进行最终处理与处置。

我国村镇环卫体系的构建还未有效展开,基于村镇自发式的生活和生产特征,其排放的废弃物基本实现了内部循环。近年来,农村生活和生产水平逐年提升,导致生活和生产排放的废弃物中不可降解物质激增,需要配套的环卫体系进行支撑。因此,城乡环卫体系规划应该将小城镇、城郊村镇和其他村镇统筹起来。村镇环卫体系的建构应该基于城乡环境卫生体系,将村镇环卫体系的生态化、低碳化及循环经济等绿色化的规划理念作为绿色村镇可持续发展的目标和新农村村镇体系建设的核心。构建绿色村镇环卫体系可以促进农村生活和生产废弃物的分类集中收集、清运转运、处理处置,以及资源化循环再利用。村镇卫生设施如图 3.35 所示。

 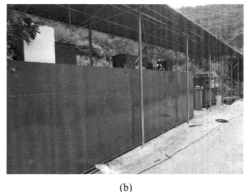

(a)   (b)

图 3.35 村镇卫生设施
(a)垃圾分类(一);(b)垃圾回收(二)

3.8.3 生活配套

1. 基础设施与农村生产的关系分析

与农村生产有关的经济性基础设施包括交通运输、农业气象服务设施、农产品市场、仓储及农田水利等,它们不仅能有效降低农产品的运输成本、储藏成本和生产成本,提高农业生产的效率,增加农产品市场的交换能力,而且能增强农业抵抗经济风险和自然风险的能力,保障农产品生产与销售的稳定性,促进农业生产的产业化、一体化、专业化和市场化发展。

通信设施和农村道路交通在非农业生产方面发挥了巨大的作用。它们能通过扩大市场范围,提升交换的能力,增加产品需求量,并促使结构变动和需求多样化,能为非农产业的发展创造更大的空间。与此同时,便捷的通信和交通也使非农生产可以更多地受到城市经济发展的影响,并转变生产方式,提高生产效率,加快发展的步伐。

2. 基础设施与农村经济社会发展的关系分析

农村的现代化首先是农村基础设施现代化。农村卫生保健、教育文化等项目建设,能从根本上提高劳动生产效率和农村劳动者的综合素质,实现农村的可持续发展;邮电通信和道路交通项目发展有利于加强农村与外界社会的交流和联系,引入现代文明,使农村传统观念转变。而社会的福利事业本身就是农村基础设施的投资范围,而投融资的水平就直接决定了农村福利事业发展水平的高低。

3. 加强农村基础设施建设的作用

1) 有利于降低生产成本

以农业气象服务设施、农产品市场、仓储及农田水利等为代表的农业基础设施建设,能有效降低包括风险成本、销售成本、仓储成本、运输成本、生产成本在内的农产品成本,加强农业抵御经济风险和自然风险的能力。在非农产业方面,通信设施和农村道路交通通过扩大市场的范围,能够增加产品的需求量,使非农生产可以更多地受益于城市经济发展,并加快发展的步伐。

2) 有利于增加农民收入,使农民生活富裕

其一,能降低农业生产的成本,提高农业生产的效率,从而直接增加农民的农业收入。其二,能源、仓储、邮电通信、交通运输等基础设施的建设能促进非农产业的发展,从而增加农民非农业的收入。其三,农村基础设施的改善,可以在农民收入水平不变的情况下,大幅度提高农民的购买能力。

3) 有利于改善农民生活条件,促进农村村容整洁

新农村建设一定要使农村实现"五改、六通、两建设"。五改指改校舍、改圈舍、改厨房、改厕所、改卫生所。六通指通水、通路、通气、通电、通电视、通广播。两建设指建设农民的垃圾处理场所,建设农民的文化活动场所和公共活动场所。通过五改、六通、两建设,使农村能最终建成新环境、新设施、新房舍。

4) 有利于提高农民素质,促进农村的乡风文明

随着卫生保健、农村教育文化等项目建设,农民把更多收入用于文教卫生方面及现代化商品的消费支出,从而使农村劳动力的素质得到提高。邮电通信和道路交通项目的发展则有利于农村与外界的交流和联系,必然能促进农民观念的变化,从而有力地推动社会主义新农村文明乡风的形成,也为中西部农村的基础设施发展提供了良好的机遇。

第4章 生态宜居村镇社区规划动力机制

随着村镇化步伐的冲击,村镇社区的发展也备受关注。但近些年,村镇社区的发展还是缓滞不前,或者说有了一定的改善但还是程式化、片面化的,不足以反映整个村镇的发展状况。对村镇社区进行规划设计,优化其产业结构,进行合理的功能空间重构,塑造生态宜居的村镇社区势在必行。对村镇社区的规划,应以政府政策为导向,公众参与为驱动,多元规划模式为协同,建立起规划动力机制网络,更好地服务于生态宜居村镇社区的建设。

4.1 政府政策导向

党的十八大报告提出,要更加自觉地珍爱自然,更加积极地保护生态,努力走向社会主义生态文明新时代。这一表述提出了"生态文明新时代"的新概念,将生态文明提升到了人类社会发展的一个特定时代的高度,而建设生态文明最重要的途径就是建设生态城市和农村,甚至可以说,生态村镇也是城市发展的必然趋势,如图4.1和图4.2所示。我国不断推进生态文明建设,积极探索生态村镇社区建设的美好图景,正是对这一历史规律的科学把握。但同时也必须认识到,生态宜居村镇社区建设是一个涉及社会、政治、经济、文化及文明建设等方方面面的系统工程,需要在公众意识、生活和生产方式、制度建设等各方面实现生态转型,这就势必决定了这项工程的长期性和复杂性。因此,生态宜居村镇社区建设绝不能急于求成,而是要科学、合理、适度地处理好经济增长与环境保护、人的发展与自然生态承载力的平衡,在此基础上稳步推进。同时也要切实认识到历史活动是群众的活动,要把建设生态宜居城市的目标转化为全体居民共同参与的群众性实践,通过全社会齐心协力才能得以实现。

4.1.1 美丽乡村的理念

美丽乡村是建设社会主义新农村的重要历史任务,具体体现为"生产发展、生活富裕、乡风文明、村容整洁、管理民主"等。乡村的美不只是外在美,更要美在发展。我国是农业大国,乡村的覆盖区域广阔,国家在农村基础设施建设与农民生活水平的提高上都给予了优厚的政策支持,"加强领导,实施规划"是建设和实现美丽乡村的重要举措之一。

"十一五"期间,全国多个省份按照国家的要求,进一步加快建设社会主义新农村,努力实现生产发展、生活富裕和生态良好的目标,制定了美丽的农村建设行动计

图 4.1　舒适的生活环境

图 4.2　良好的生态空间

划并采取了行动,且都取得了一定的成效,如图 4.3 所示,并深刻明确了统筹城乡发展,推进社会主义新农村建设的内涵。

图 4.3　美丽乡村规划愿景图

　　2008 年,浙江省安吉县正式提出"中国美丽乡村"计划,提出将安吉县建成中国的美丽村庄。安吉县的美丽乡村建设不仅改善了农村的生态和景观,还创造了一批知名的农产品品牌,促进了农村生态旅游的发展。这一计划带动了农民增收,探索出中国特色社会主义新农村建设的创新发展道路。

　　2009 年,中国美丽乡村建设与经济发展调研组进行了广泛的调研。调研组认为,五年之内,一个山美水美环境美、吃美住美生活美、穿美话美心灵美的中国最美丽乡村就会出现,如图 4.4 和图 4.5 所示。

图 4.4　美丽乡村局部景观

图 4.5　美丽乡村整体环境

由于安吉县"中国美丽乡村"建设的成功,浙江省制定了《浙江省美丽乡村建设行动计划》。自 2011 年以来,广东省的增城、花都、从化等市县也陆续开始了美丽乡村的建设。2012 年海南省也明确提出要推进"美丽乡村"项目,加快全省农村危房改造和新农村建设步伐。"美丽乡村"建设已成为我国社会主义新农村建设的代名词,全国各地正在进行新一轮的美丽乡村建设。

2013 年,我国正式启动了"美丽乡村"创建活动,并于 2014 年 2 月正式对外提出"美丽乡村建设十大模式",旨在为全国的美丽乡村建设提供模板和范例,更加科学、高效、合理地推进"美丽乡村"建设。

2017 年,党的十九大报告提出农村振兴战略,开启了我国农村发展的新纪元。新时期美丽乡村建设不仅限于基础设施建设和产业发展。在此基础上,推进经济转型,促进农村建设,增强景观,最终实现农村发展、增进群众幸福感的目标。

党的十九大以后,中央政府对于农业农村工作推进提出一系列新提法、新要求,并实施"振兴乡村战略"总要求,具体包括产业兴旺、生态宜居、乡风文明、治理有效、生活富裕。

实现城乡一体化,建设美丽乡村,是要为人民造福,不能把钱花在不必要的事情上,不能大拆大建,特别是古村落要保护好。即使将来城镇化率达到 70%,还是有四五亿人在农村。农村绝不能成为荒芜的农村、留守的农村、记忆中的故园。为了实现村镇的发展,必须实现农业现代化和新农村建设的发展,同步发展可以相互促进,更好地促进城乡一体化发展。需要传承保护的古村落如图 4.6 和图 4.7 所示,需要更新改造的农村院落如图 4.8 和图 4.9 所示。

4.1.2　生态宜居的策略

"村镇振兴,生态宜居是关键","中国要美,村镇必须美"。近年来,在国家和社会层面重视力度不断加强的大背景下,重视村镇生态环境发展,实现生态宜居,已成为当下首要的任务,而针对如何打造生态宜居村镇社区,历年的中央文件都进行了系统的阐述,并有具体的策略与措施。

图 4.6　徽州古村落　　　　　　　　　　图 4.7　碗窑古村落

图 4.8　荒芜的农村院落　　　　　　　　图 4.9　留守的农村院落

2005 年:坚持不懈地搞好生态重点工程建设;继续实施天然林保护等工程,完善相关政策;退耕还林工作要科学规划,突出重点,注重实效,稳步推进;要采取有效措施,在退耕还林地区建设好基本口粮田,培育后续产业,切实解决农民的长期生计问题,进一步巩固退耕还林成果,如图 4.10 和图 4.11 所示。

图 4.10　沙源治理效果图(一)　　　　　图 4.11　沙源治理效果图(二)

2006 年:加快发展循环农业;积极发展节地、节水、节肥、节药、节种的节约型农业,鼓励生产和使用节电、节油农业机械和农产品加工设备,努力提高农业投入品的利用效率。加大力度防治农业面源污染;同时提出,大力加强农田水利、耕地质量和生态建设;按照建设环境友好型社会的要求,继续推进生态建设,切实搞好退耕还林、天然林保护等重点生态工程,稳定完善政策,培育后续产业,巩固生态建设成果;建立和完善生态补偿机制;首次提出了"建设环境友好型社会",并且"建立和完善生态补偿机制"。

2007 年:加强农村环境保护,减少农业面源污染,搞好江河湖海的水污染治理;明确提出"加强农村环境保护",同时针对农业面源污染也给出了明确的指示要求。

2008 年:加大农业面源污染防治力度,抓紧制定规划,切实增加投入,落实治理责任,加快重点区域治理步伐;进一步推进农业面源污染防治,农村环境的改善应将治理和保护并行。

2009 年:安排专门资金,实行以奖促治,支持农业农村污染治理。

2013 年:推进农村生态文明建设;加强农村生态建设、环境保护和综合整治,努力建设美丽乡村;创建生态文明示范县和示范村镇(见图 4.12 和图 4.13),开展宜居村镇建设综合技术集成示范,提出"建设美丽乡村",同时丰富建设模式,开展"生态文明示范县"和"示范村镇"的评比活动。

图 4.12　贵州民族生态乡

图 4.13　沙家浜生态文明示范镇

2014 年:抓紧划定生态保护红线。

2015 年:加强农业生态治理;实施农业环境突出问题治理总体规划和农业可持续发展规划;加大水生生物资源增殖保护力度;加大水污染防治和水生态保护力度;实施新一轮退耕还林还草工程,扩大重金属污染耕地修复、地下水超采区综合治理、退耕还湿试点范围,推进重要水源地生态清洁小流域等水土保持重点工程建设;建立健全农业生态环境保护责任制,加强问责监管,依法依规严肃查处各种破坏生态环境的行为。

同时提出"全面推进农村人居环境整治";完善县域村镇体系规划和村庄规划,强化规划的科学性和约束力;改善农民居住条件,搞好农村公共服务设施配套,推进山水林田路综合治理;继续支持农村环境集中连片整治,加快推进农村河塘综合整治,开展农村垃圾专项整治,加大农村污水处理和改厕力度,加快改善村庄卫生状况;加强农村周边工业"三废"排放和城市生活垃圾堆放监管治理。

2016年:加快农业环境突出问题治理;基本形成改善农业环境的政策法规制度和技术路径,确保农业生态环境恶化趋势总体得到遏制,治理明显见到成效;实施并完善农业环境突出问题治理总体规划;开展农村人居环境整治行动和美丽宜居乡村建设;遵循乡村自身发展规律,体现农村特点,注重乡土味道,保留乡村风貌,努力建设农民幸福家园;开展生态文明示范村镇建设;鼓励各地因地制宜探索各具特色的美丽宜居乡村建设模式。

2017年:加强重大生态工程建设;推进山水林田湖全面保护、系统修复、综合治理,加快构建国家生态安全屏障;深入开展农村人居环境治理和美丽宜居乡村建设;对农村基础设施建设的各个方面进行了布置。

2018年:推进乡村绿色发展,打造人与自然和谐共生发展新格局;乡村振兴,生态宜居是关键;良好生态环境是农村最大优势和宝贵财富;必须尊重自然、顺应自然、保护自然,推动乡村自然资本加快增值,实现百姓富、生态美的统一;严禁工业和城镇污染向农业农村转移。

2019年:扎实推进乡村建设,加快补齐农村人居环境和公共服务短板;加强农村污染治理和生态环境保护;统筹推进山水林田湖草系统治理,推动农业农村绿色发展;加大农业面源污染治理力度,开展农业节肥节药行动,实现化肥农药使用量负增长。

党的十八大报告提出生态文明建设,首次单篇论述"生态文明",把"美丽中国"作为未来生态文明建设的宏伟目标,并把优化国土空间开发格局作为建设生态文明的重要举措,提出构建科学合理的社区化格局、农业发展格局、生态安全格局,促进生产空间集约高效、生活空间宜居适度、生态空间山清水秀。

4.1.3 政策的现实意义

建设好生态宜居的美丽村镇社区是实现乡村振兴战略的关键。以建设好生态宜居村镇社区的任务要求为出发点,各地根据不同地区自然资源禀赋与经济发展水平差异,依据先易后难、先点后面的原则,扎实推进生态宜居村镇社区建设。很多地方都留下了建设生态宜居村镇社区的宝贵经验,如浙江省将乡村生态优势转化为生态经济优势,积极构建乡村绿色生态环保旅游,增加农业生态产品和服务供给,为建设生态宜居村镇社区提供基本动力。图4.14所示为浙江省枫桥生态旅游村镇。

根据这些实践经验和地方政策,结合区域特点,因地制宜,科学地参考建设生态宜居村镇社区的共同经验,通过建设生态宜居的村镇社区,不断提高农民的幸福感和自豪感。

具体而言,在最基本的生活方面,就是推进农村生活垃圾治理,开展厕所粪污治理,推进农村生活污水治理等工作,就是提升村容村貌,加强村庄规划管理,建设好生

(a)　　　　　　　　　　　　　　(b)

图 4.14　浙江省凤桥生态旅游村镇

(a)外景(一);(b)外景(二)

态宜居村镇社区。在实现上述目标的过程中,农村基层组织扮演着重要角色。农村基层组织是上级政府与村民之间的桥梁,农村基层组织的行为影响着建设生态宜居村镇社区的成效:一方面,农村基层组织要传达和执行上级政府关于建设生态宜居村镇社区的相关政策;另一方面,农村基层组织要协调和解决建设生态宜居村镇社区过程中面临的困境与难题。

由此,既要监督农村基层组织的政策执行情况,扎实推进建设生态宜居村镇社区政策,也要约束农村基层组织的行为,不能让其在政策执行过程中损害农民利益。

财政支持、技术支持和人才支持是建设生态宜居村镇社区的基础。政策支持是建设生态宜居村镇社区的基本保障。

4.2　公众参与驱动

公众参与实现了传统的"精英规划"到"民主规划"的成功过渡和转变。村镇社区规划需要有法律地位,应该从区域性指导规划转变为法律效力更强的规划。在村镇社区规划的过程中,有关政府部门必须发挥宏观调控作用,把控和协调建设的全局工作。村镇社区的规划建设应该层级分明,分为城市、乡镇、村落这三个层级,形成自上而下、大众参与度强的村镇社区规划管理体系。在村镇社区的规划建设中要发动群众,使村民有良好的参与意识,这样可以增强对村镇社区建设规划的认同意识,有利于村镇社区建设的发展。

4.2.1　参与主体及其机制

1. 公众参与规划设计的动因

长期以来,规划工作在快速推进和发展的城镇化进程中,存在着突出的规划管理问题,不同程度地存在着规划编制与实施管理脱节的现象。群众反映规划脱离实际,缺乏现实意义,难以为人所用;规划人员则考虑村民而忽视长远发展,未曾考虑未来效益。造成规划难以实施等问题的主要原因有以下几个方面。

①规划和准备的目的主要是实施上级指令的要求,并机械地遵循计划经济模型下的指标要求。由于缺乏对缺点的调查和分析,过于教条和目标不明确,计划结果往往是程式化和片面化的,难以适应市场经济的发展需要。

②规划主管部门既是规划管理者,又是规划编制单位的直接上级和规划的决策方,因此规划从编制到实施自始至终囿于规划管理者的单方运作之中,难免会忽视土地使用方的相关利益,容易导致规划受"长官意识"所左右。

③规划注重反映"专家思想",却对规划与实际相结合重视不够,不考虑市场需求和村镇具体实际,使得规划因过于强调技术合理性而导致其缺乏可操作性。

④传统规划管理体制滞后于村镇发展的需要,管理部门只关注既定规划目标,忽视对村镇建设活动的控制引导,缺乏实施对策,导致无序开发和违法建设屡禁不止。

⑤规划常常仅限于政府与专家之间交流,普通大众对规划缺乏应有的了解,缺少支持规划和参与规划的原动力。

在近年来村镇社区规划的实践过程中,逐步认识到要从根本上解决上述问题,必须从更新规划体系和改革规划管理实施模式等方面来处理。从规划设计到实施的各个环节都要坚持群众路线,改变以往的纯技术规划、类政治规划等习惯,让群众关心规划,了解规划,积极参与至关重要的规划。

2. 系统的公众参与机制

规划行为中有三种重要角色:城市管理者及其所代表的政府、规划人员和社会公众。而这三种角色中至关重要的是社会公众,事实上,社会公众也是规划行为的主体角色。社会公众覆盖社会的各个层次,每个群体和阶层都有各自迥异的需求和目的,因此,能够很大程度上反映公众利益的规划需求。对于村镇社区的规划,公众参与的主体是村镇干部和群众,同时他们也是村镇规划的实施主体。他们不仅是普遍意义上的社会公众,也是宪法所规定的村镇土地的所有者,因此,广大村镇干部和群众的积极和有效参与对于村镇规划的编制、实施和管理有着更为重要的意义。

为了避免公众参与的形式化,有必要建立一种系统的、切实可行的公众参与机制。其主要内容包括公众参与的目标控制、公众参与的过程控制及公众参与的结果控制。

1) 公众参与的目标控制

鉴于以往规划实践中出现的公众参与深度和广度不够,参与人员有局限性的问题,提出公众参与的目标控制。具体方法可以预先确定参与计划的目的,并选择不同的表达方式来吸引公众参与。例如,对村民采用明显、有形的模型来宣传和展示规划,并确定参与的专家代表和利益代表,使参与具有更强的针对性。

2) 公众参与的过程控制

组织合理有效的参与活动,包括事前动员、媒体宣传、相关活动、组织指导、数据分发、计划讨论、意见收集、规划者的后续参与等。

3）公众参与的结果控制

公众参与的结果控制主要指对反馈信息的分析、消化、吸收、利用,对不合理意见的解释,对建设性意见的采纳,以及活动结束后的摘要总结,这些都充分反映了对规划参与者意见的尊重。

3. 公众参与规划的形式

公众参与规划是村镇社区规划实践的重要组成部分,规划者与公众之间的互动,使村庄规划从传统的"专家型规划"和"技术型规划"转变为可操作的"管理型规划"和"应用型规划"。

1）规划过程中的民意调查

民意调查是基于使规划目标与实际应用需求更相适应的初衷提出的,具体执行方法是把村镇规划方案(阶段性成果)在相关镇、村公开,面向社会公众展示一定的时间,在此基础上广泛征求、咨询意见,最终形成详实的调查报告。在这个过程中,规划者协调和平衡各种利益,并调整、补充和修改规划方案。规划和实施过程中可能遇到的矛盾将在规划和筹备过程中尽可能消化,使村镇规划和村镇发展计划、村民的意愿有机统一,从而为规划的实施做好技术上的准备。

2）村镇规划展览系统

公开展示规划是开展规划咨询、实行规划民主监督的有效途径,规划工作者应采用生动形象和通俗易懂的展示方式,如模型、效果图、电视专题片、实景照片等形式广泛征求社会公众意见,加大宣传力度,强化村镇规划和法治建设理念,让人们更多地了解、关心和支持规划工作,实现真正的民主监督。

3）规划委员会及规划听证制度

规划委员会在村镇规划的公众参与机制中发挥着不可取代的作用。规划委员会的主要成员有地方规划主管部门领导、规划设计专家、村镇领导及村民代表,评议内容以社会效益、经济效益和环境效益为切入点,围绕规划的编制与管理方案进行广泛论证。评议形式多样,有规划动员会、规划座谈会、规划方案汇报会及规划评审会等。本制度旨在尽可能使领导、专家、群众三者达成共识,实现规划编制、审批管理及实施管理全寿命周期的相互配合协调。

4）规划方案网上咨询

随着信息时代的快速发展,一些互联网科技也在村镇社区内普及。因此,规划方案的在线咨询成为公众参与村庄规划的又一有效途径。社会公众可以通过网络平台把自己的意见及方案反馈到平台上,然后工作人员遴选对社会影响较大的规划方案进行入网咨询。通过对社会公众的普查和走访,确定了保护规划策略,随即在线进行公众咨询。通过这种方式,可以唤醒社会公众的本土文化意识,增强人与人之间的亲和力,在规划建设中树立文化观念。

4.2.2 居民参与驱动策略

从参与的主体和客体两个视角对"居民参与"的含义进行界定,目前主要有两种不同的意见。一种认为居民参与的主体是村镇社区内的常住居民,常住居民在社区建设中起决定性作用,着重研究常住居民在村镇社区建设工程中的参与行为。另一种则认为居民参与的主体不局限于社区内的常住居民,还包括社区内政府机关、单位、社会团体等,应该研究这些主体共同建设社区的行为。总之,居民参与是村镇居民以各种方式直接或间接参与社区治理或社区发展的行为和过程,其宗旨是促进社区建设,最终实现人的全面发展。

1. 居民参与驱动中存在的问题

1)相关管理制度亟须完善

由于有关村镇的规划管理制度不完善,没有推动村镇规划的有力实施,所以村镇规划难以落实,村镇发展进程迟滞不前。这主要存在两个方面的原因:一是由于长时间内没有明确的村镇规划行政主管部门,在村镇规划的管理中多头执法,混乱不堪;二是由于一些地方长时间内根本没有村镇规划的主要部门,没有实行具体的规划,没有明确法律执行的权限,这使得有关村镇规划的管理工作举步维艰。

2)相关管理机构设置混乱

有关村镇规划的具体法律中暂时没有关于管理机构名称的设定条款,而且设置的具体管理机构与相关法律规定的权利和义务不对等。主要表现在两个方面:一是机构的名称设置不合理,如机构归属、级别等问题不明确;二是村镇规划体系不完善,村镇规划体系所辐射的范围有限,覆盖区域狭窄。个别地方政府没有相关规划的管理机构,亟待完善此方面的工作。

3)相关管理权限界定不清

有关村镇规划的法律明确规定了具体的行政主管部门可以有多种权限来依法推进村镇建设的发展。但一些地区未按照法律的规定办事,无视法规、钓鱼执法甚至私自放宽管理规划的权限,阻碍了村镇规划建设的发展。

2. 居民参与驱动的内容和形式

居民参与驱动的内容本质上是指居民广泛、深入地参与村镇社区的规划设计工作。目前村镇社区规划中的居民参与驱动主要分为四个部分:一是政治参与,指居民参与村镇社区规划政治事务的行为,如参与规划文件意见征集等;二是经济参与,指居民参与涉及共同利益的村镇社区规划事务的行为;三是文化参与,指居民参与村镇社区规划文明建设的行为,包括参与村镇社区的文化娱乐、体育健身活动,参与公共道德的培养,参与村镇社区精神的培育等;四是社会参与,指居民参与村镇社区规划中的公益活动和福利事业,如参与村镇社区社会救助,参与村镇社区安全管理和环境改善,参与维护村镇社区生活秩序,参与邻里纠纷调解等。居民参与驱动的主要内容如图4.15所示。

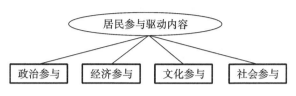

图 4.15　居民参与驱动内容

由于我国的村镇社区是一个存在阶层分化的生活空间,不同阶层的居民对村镇社区未来规划的需求不同,所关注的社区事务也不同,由此产生的参与动机与策略也不一样,并形成了不同的参与模式。这些参与模式可以分为依附参与、志愿参与、身体参与、权益参与,具体如图 4.16 及表 4.1 所示。

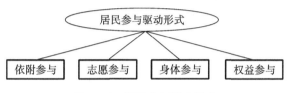

图 4.16　居民参与驱动形式

表 4.1　规划阶段居民参与的主要方式

主要步骤	主要方式
各程序通用的方法	解决问题的研讨会,政府组织的村镇社区会议,法定的公开聆听,公共信息交流,村民工作组
规划设计的社会价值观取向、规划目的确定阶段	村民咨询委员会,民意调查,村镇社区理事会,村民代表直接参与政府规划部门工作,协调不同村民团体间分歧的论证,个别团体与政府及规划部门组成综合论证
优选方案	村民复决,政府提供技术协助,村民培训,村民草案工作室,村民模拟游戏,借助传媒表决,以不同利益立场评估不同草案
实施	政府邀请村民代表参与工作,村民培训,建立村镇社区探访中心
反馈	村镇社区"巡访"中心,电话热线解答

1)依附参与

依附参与的主体主要是村镇社区内的低保居民和五保居民。参与的具体事务主要局限于村镇社区规划建设过程中的义务性劳动,如值班、义务劳工和治安巡逻等内容。单就参与率而言,低保居民和五保居民的参与率较高,但究其本源,他们的社区参与是强制性的被动参与,即由于享受低保而被要求与居民委员会签订义务劳动协议,正是这种合同关系使他们与社区建立了联系。

2)志愿参与

志愿参与的主体主要是离退休党员和干部,他们是村镇社区规划过程的核心力量。离退休党员和干部的参与活动范围更加广泛,活动内容更加丰富具体,既包括体力性的义务劳动,也包括社区规划会议、规划小组选举、迎接上级规划部门检查、代表本住区居民进行利益表达等表达性事务。他们可以通过集体活动拓展生活空间,重新找回归属感和组织感,获得某种对他们而言很重要的荣誉。

3)身体参与

身体参与是近几年产生于我国城市的新现象,晨间和夜晚在城市里任何可用的空地都会被利用起来进行康养性的身体锻炼,常见的有广场舞、太极拳、体操等,但在村镇地区尚未普及。为了提高村镇社区规划的文化内涵,村镇社区规划时可借鉴。由于这种身体出席的聚会是以居住地为单位的,因此可将这种类型的社区参与称为身体参与。在这些自发性的娱乐团体活动中,居民的身体得到了自然的放松与舒展,同时他们还获得了小群体社会交往所带来的精神愉悦和人际关系。

4)权益参与

权益参与主要是指随着近些年村镇居民权益意识的增强,社区中出现的为保护村镇居住环境而产生的居民维权运动,这种维权运动也驱动着村镇社区规划更加完善,但究其根本原因,还是利益的驱动。权益参与的最主要内容是招聘相关管理公司,保证规划过程的合理性,此类驱动方式在村镇社区中的比例逐年升高。

3. 居民参与驱动的策略

1)统筹城乡与统筹用地

统筹城乡的目的是使社会平稳发展,具体是吸收城镇化推进过程中的大量劳动力,稳定就业,用三种产业的联动出击来调整城镇化推进过程中出现的产业发展失衡问题。将村镇的发展纳入城镇化的推进过程中,使其搭上顺风车,实现村镇地区快速、均衡的发展。统筹用地就是实现土地资源的集约化使用,产业的大力发展极大地推动了村镇的发展进程,这就要求每一单位土地资源实现最大的利用效率,对土地使用进行合理的规划,以促进产业发展,改善人居环境等。

2)生活性投入与生产性投入

政府部门在村镇化进程推进中应注重产业的发展,不要忽视拉动产业经济发展的"投资马车"的重要拉动作用。生活性投入主要包括公共设施、村民消费、环境工程、安居工程等投入。生产性投入主要包含村镇化进程推进过程中的平台服务、固定资产、生产服务等投入。

4.3   多元模式协同

4.3.1   建设模式

美丽乡村应以耕读文化为魂,以优美田园为韵,以生态循环农业为基,以朴素村落民居为形。以我国村镇社区建设发展战略体系为依托,将村镇社区建设模式分为十个类别。这十个类别分别是基于各自不同的地域文化、自然资源、社会经济发展水平、产业特点等条件划分和归类的,是今后我国建设生态宜居村镇社区的成功路径。生态宜居村镇社区建设发展战略体系如图 4.17 所示。

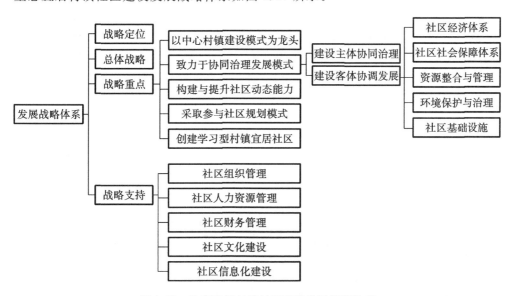

图 4.17　生态宜居村镇社区建设发展战略体系

在对全国各地美丽乡村建设的情况进行案例研究、实地调研和内涵提炼的基础上,科学系统地总结出了美丽乡村创建的十大模式,即产业发展型模式、生态保护型模式、城郊集约型模式、社会综治型模式、文化传承型模式、渔业开发型模式、草原牧场型模式、环境整治型模式、休闲旅游型模式、高效农业型模式,如图 4.18 所示。

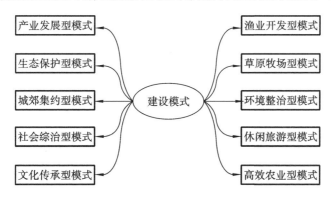

图 4.18　美丽乡村创建的十大模式

1. 产业发展型模式

产业发展型模式主要集中在经济发达地区,如东部沿海地区。以江苏省苏州市张家港市南丰镇永联村(见图 4.19)为例,其特点是产业优势和特色明显,农民专业合作社、龙头企业发展基础好,产业化水平高。目前该村已初步形成一村一品、一乡一业的产业规模,实现了农业生产集群和农业规模经营,农业产业链条不断延伸,产业带动当地经济发展效果明显。

永联村在村镇社区规划过程中将土地资源集中利用并划分为工业区、居住和公共服务区、苗木和绿化区以及现代农业区四大类,生态环境大幅改善。同时,统一和多元利用水资源,发展现代农业,开展灌排分开的农田水利基本建设,确保丰产、稳产。对公共景观资源进行统一规划和利用,目前全村植被覆盖率已经达到 45%。合理分布公共服务资源,村民生活和办事极为便利,享受的公共服务水平和质量已经超过了很多的城市居民。

图 4.19 江苏省苏州市张家港市南丰镇永联村

2. 生态保护型模式

生态保护型模式主要集中在生态优势显著、环境污染较少的地区。其特点是自然条件优越,森林资源和水资源资源丰富,生态环境优势明显,有较大的潜力,能够将生态环境优势转为经济优势,适宜发展生态旅游产业。以浙江省湖州市安吉县山川乡高家堂村(见图 4.20)为例,传统的田园风光和乡村特色与现代的旅居康养的理念相结合,重点发展乡村微度假。

高家堂村聘请有关专家总体策划,拟定以休闲经济发展为基准线,经济发展规划先行的规划理念,完成了高家堂村庄建设规划,通过分析规划,串联村内现有潜力产业,营造环环相扣、相辅相成的局面,最终形成了"一园一谷一湖一街一中心"的村休闲产业带。

3. 城郊集约型模式

城郊集约型模式顾名思义是临近大中型城市郊区的发展模式。因其得天独厚的地理优势,在享受大中型城市社会福利的同时,也是大中型城市重要的蔬菜基地。因此,农民收入水平高,经济条件较好,基础设施相对完善,交通便捷,农业产业集约化、

图 4.20　浙江省湖州市安吉县山川乡高家堂村

规模化经营水平高,土地产出率高。典型案例如上海市松江区泖港镇,如图 4.21 所示。

　　泖港镇规划时将镇域主要分为四个部分,包括:工业区重点发展信息技术产业和生物保健品制造业,休闲度假区着重培育生态涵养林和林业综合开发项目,现代农业区主要生产无公害绿色食品,集镇居住区为集各类商贸、娱乐项目于一体的居住区。经过几年的规划设计和建设,依托得天独厚的自然风光及"水净、气净、土净"的生态环境优势,泖港镇基本形成了集生态农业展示、科普展示、观光休闲、会议餐饮、实践体验于一体的农业观光旅游区。

4. 社会综治型模式

　　社会综治型模式下的居民人数多,居住环境规模大,适用于位置相对较集中的村镇。其最显著的特点在于经济基础好,区位条件优越,能够较强地带动周边村镇经济发展,公共配套设施相对完善。以吉林省松原市扶余市弓棚子镇广发村为例,如图4.22 所示。

　　广发村以城市化理念改造农村,是社会综治型模式乡村建设的典型代表,已建设完成全村新式民居。从公共服务于社会化网络的覆盖,到村庄整体风貌和土地集约利用,都逐一实现了村庄统一规划、统一建设,整齐有序又不失田园本色,全村绿化覆盖率达到了 46%,主要做法如下:在 1 560 m 长的主街路两侧,栽植了 4 m 高的云杉,中间配置花灌木;在辅路两侧栽植了垂榆、金枝垂柳,中间配置花灌木;村屯的护屯路、街路、公共景区和庭院的绿化姿态迥异,形式丰富多样。

图 4.21 上海市松江区泖港镇

图 4.22 吉林省松原市扶余市弓棚子镇广发村

5. 文化传承型模式

文化传承型模式的显著特征是乡村文化资源丰富,具有优秀的民俗文化代表及非物质文化遗产,具有特殊人文景观和物质景观,如古村落、古建筑、古民居及传统文化的地区。河南省洛阳市孟津县平乐镇平乐村具有深厚的文化传承潜力,是这一模式的优秀代表,如图 4.23 所示。

平乐村被誉为"农民牡丹画创作第一村"。国色天香,富贵牡丹,孟津县充分利用洛阳牡丹的社会影响力和历史美誉,宣传自身优势,明确发展目标,创新开发多种牡丹周边产业,采取多种措施拓展销售渠道,将平乐村打造成中国牡丹涂装产业发展中心和全国最大的牡丹涂料生产及销售基地,实现经济效益和社会效益的双重收获。

图 4.23　河南省洛阳市孟津县平乐镇平乐村

6. 渔业开发型模式

渔业开发型模式具有明显的针对性和指向性,主要适用于沿海地区和水网地区的传统渔区。顾名思义,渔业开发型模式当以捕鱼业为当地农民的主要经济来源,通过继续发展渔业促进就业,保持渔业在农业产业中的主导地位不变,同时创新开发新的渔业产业链,增加农民就业岗位,提升渔民收入,繁荣农村经济。以广东省广州市南沙区横沥镇冯马三村为例,如图 4.24 所示。

冯马三村位于珠江三角洲腹地,水陆交通方便,地理位置优越,有 65.67 hm² 集体鱼塘发展高附加值水产养殖。冯马三村东邻南沙经济开发区,西邻中山市,南接万顷沙镇,临近珠江口,洪奇沥水道、七号干线、番中公路经过。冯马三村属沙田水乡地区,历史较为悠久,文化底蕴深厚。村内河道密集,一涌两岸风景秀丽,民风淳朴,已建成南沙区水乡文化摄影基地、村级休闲公园。

7. 草原牧场型模式

草原牧场型模式主要集中在我国牧区和半牧区县(旗、市)。草原牧区幅员辽阔,气候特殊,草原畜牧业是牧民的主要收入来源,因此也是牧区经济发展的基础产业。内蒙古自治区锡林郭勒盟西乌珠穆沁旗浩勒图高勒镇脑干哈达嘎查是该模式的典型代表,如图 4.25 所示。

图 4.24 广东省广州市南沙区横沥镇冯马三村

图 4.25 内蒙古自治区锡林郭勒盟西乌珠穆沁旗浩勒图高勒镇脑干哈达嘎查

我国广大的草原牧区在村镇规划中坚持生态优先的基本方针,推行草原禁牧、休牧、轮牧制度,促进草原畜牧业由天然放牧向舍饲、半舍饲转变,发展特色家畜产品加工业,形成了独具草原特色和民族风情的发展模式。

8. 环境整治型模式

解决农村环境问题,是解决"三农问题"的客观需求和必由之路。环境整治型模式主要针对农村脏乱差问题突出的区域。针对基础设施建设不完善的地区,各类环境污染问题严重,环境整治是当地农民和政府最迫切的需求之一。以广西壮族自治

区桂林市恭城瑶族自治县莲花镇红岩村为例,环境整治特点突出,效果显著,如图
4.26所示。

红岩村距桂林市 108 km,是生态特色旅游新村。红岩村吸引了周边村镇社区乃
至全国范围内的游客前来休闲度假,在山水游览观光的同时还能够体验田园农耕,兼
住宿、餐饮、会务等于一体,满足游客各项出行需求。昔日一个"吃粮靠返销、花钱靠
贷款、生产靠救济"的贫困村,如今变成了经济发展、村民富裕、生机盎然的社会主义
新农村。

图 4.26　广西壮族自治区桂林市恭城瑶族自治县莲花镇红岩村

9. 休闲旅游型模式

休闲旅游型模式主要是在适宜发展乡村旅游的地区。距离城市较近,出行方便
是首要条件,旅游资源丰富,住宿、餐饮、休闲娱乐设施完善齐备,是其必要的发展条
件,适合短途休闲和小长假度假,发展乡村旅游潜力大。江西省上饶市婺源县江湾镇
极具特色,如图 4.27 所示。

江湾镇位于江西省上饶市婺源县东部,距婺源县城 28 km,是国家 5A 级旅游景
区,属于国家级文化与生态旅游景区。旅游产业作为"第一产业"和核心产业是该镇
开发模式的一大特色,该镇稳步提升旅游产业品质,丰富产业业态,加强设施完备,加
快旅游转型升级步伐,着力构建集观光、度假、休闲、体验为一体的出游系统。

10. 高效农业型模式

高效农业型模式集中在我国的农业生产区,通过机械化和信息化设备发展农业
作物生产,具备完善的农田水利等农业基础设施,农产品商品化率和农业机械化水平
高,人均耕地资源丰富,村民收入较为可观。典型代表有福建省漳州市平和县文峰镇
三坪村,如图 4.28 所示。

图 4.27 江西省上饶市婺源县江湾镇

图 4.28 福建省漳州市平和县文峰镇三坪村

三坪村共有山地 4 024 hm²，种植毛竹 1 200 hm²，种植蜜柚 833 hm²，耕地 146 hm²。三坪村在规划过程中，充分发挥林地资源优势，采用"林药模式"打造金线莲、铁皮石斛、蕨菜种植基地，以玫瑰园建设带动花卉产业发展，壮大兰花种植基地，做大做强现代高效农业。同时，整合资源，建立千亩柚园、万亩竹海、玫瑰花海等特色观光旅游，和国家 4A 级旅游区三平风景区有效对接，提高旅游吸纳能力。

4.3.2 管理模式

经济基础是村镇社区建设的首要依托，与此同时，科学的村镇社区规划及科学的管理模式不容忽视。村镇社区的规划建设能够反映其未来的发展方向,积极加入区域一体化和经济全球化,逐渐成为广大村镇社区发展的导向标。村镇社区经济发展的源动力,如传统的耕种、畜牧等方式,难以适应飞速发展的现代社会经济体制,传统经济发展模式不可避免地迎来了转型。经济发展模式的转型必然牵涉到各个村镇社区方方面面的发展和变化,包括村镇社区的定位、发展方向、发展规模及空间结构和布局等,因而也对村镇社区规划管理提出了新的挑战。

1. 村镇社区组织管理

通过对村镇社区功能定位、管控模式、组织架构、人员配备的优化调整,加强内部资源整合与社区主体间战略协同性,增强我国村镇社区的动态能力,促进社区经营效益与整体运营管理水平的提升。主要措施有以下几种。

1) 调整村镇社区功能定位,明确社区管控模式

村镇社区宜采取"镇管社区""大区管小区"的模式。规模大的村镇社区(即母社区)相当于"集团公司",而规模小的村镇宜居社区(即子社区)相当于一个个的"事业部"。母社区对所辖子社区负责。村镇社区应该增加战略管理、重要建设项目拓展、公共关系管理、品牌建设等功能,明确管控模式的同时,应丰富完善管控手段,如加强经营计划管理、绩效管理、预算管理等。

2) 优化调整村镇社区组织架构、岗位设置,加强人员配备与能力建设

首先,建议增设人力资源部,明确集中采购和项目管理部门在组织架构中的位置。其次,可考虑在战略管理部门设立专项项目研究小组,负责社区发展战略、发展方式的研究,以及新项目前期的培育。待新项目培育孵化到一定阶段,再从战略管理部剥离,成立专门的部门来运营。最后,应加强对各子社区的统筹协调职能,尤其是对建设项目的统筹协调。

2. 村镇社区人力资源管理

通过建立健全各项人力资源管理职能,尤其是薪酬管理、绩效管理、人力资源规划与培训开发职能,充分调动社区工作人员的工作积极性,多方式地引进和培育人才,为社区的发展提供坚实的人力资源保障。

首先,应在村镇社区成立专门的人力资源管理部,负责整个村镇社区人力资源管理工作的统筹,并下设培训中心,统筹培训工作。其次,合理地进行人力资源管理部的定岗定编。最后,引进具有成熟人力资源管理工作经验的专职人员,充实人力资源管理力量;完善薪酬管理体系,充分调动社区工作人员的工作积极性;健全绩效管理体系,为社区经营目标的实现提供坚实支撑;编制人力资源规划,为人才引进与培养提供指引;加强人力资源储备,为社区发展提供人力资源保障。

3. 村镇社区财务管理

以打造成本领先优势、提升资金使用效率、降低财务风险为目标,不断强化全面

预算管理工作,加快建立和完善资金管理平台,进行保险和税务统一筹划,拓宽融资渠道,优化融资结构,加强预警分析,建设高效、安全的社区集团财务管理模式。

4. 村镇社区文化管理

紧密围绕社区总体发展战略目标,加快完善和丰富社区文化内涵,保持社区文化与总体发展战略的和谐统一。进一步完善社区文化体系,以精神文化为核心,物质文化为支撑,制度文化为手段,不断加强社区文化建设的可操作性,使其成为具体生产经营实践的推动力。通过强有力的社区文化建设,达到铸魂、树人、立志、养德、塑形的作用,增强社区凝聚力,提高核心竞争力,使社区发展与人的发展和谐统一,社区文化优势与竞争优势和谐统一。通过进一步完善社区文化内容,保证文化与战略的和谐统一;建立社区文化推进机制,保障社区文化建设落实到位;依托社区制度建设进行文化的实践与推广,促进社区文化有效落实。

5. 村镇社区信息化管理

用信息化手段支持村镇社区的规划、建设和管理,必将有力地促进村镇社区运行效率,促进村镇社区建设再上一个新台阶。村镇社区信息化建设策略总体思路和目标即采取村镇社区统一规划部署,以项目应用系统建设和职能应用系统建设为核心,以信息化基础工作为支撑,以信息化组织体系为保障,以信息系统推广应用为着力点,统一规划、分步实施,统一建设、集中管理,实现信息系统对项目运作、经营管理和精细化管理的有效支撑,推动村镇社区整体向数字化、网络化社区转变。通过推进项目管理信息系统建设,提升项目管理水平;通过推进职能管理信息系统建设,提升内部管理效率。

4.3.3 融资模式

村镇社区投融资应以项目为基础,以未来收益和项目资产作为偿还贷款的资金来源及安全保障,融资安排和融资成本取决于项目未来现金流及资产价值。通过设立特殊目的公司(special purpose vehicle,简称"SPV"),根据双方达成的权利和义务关系确定风险分配,进行可行性研究、方案设计等事前工作,以及项目在全寿命周期内的建设和运营,相互协调,并负责项目的整个周期。综合考虑村镇社区项目的预期收益、资产及相应担保扶持,由 SPV 来安排项目融资,其中包括融资规模、融资成本及融资结构的设计,这与项目的未来收益和资产价值息息相关。常见的融资方式包括政策性(商业性)银行(银团)贷款、债券计划、信托计划、融资租赁、证券资管、基金(专项、产业基金等)管理、PPP(public-private partnership)融资等。村镇社区融资规划系统环境如图 4.29 所示。

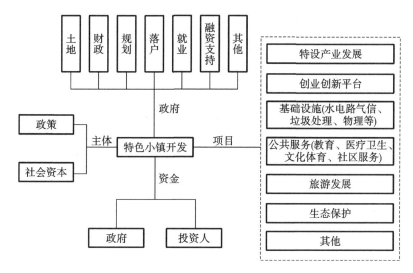

图 4.29 村镇社区融资规划系统环境

1. 发债模式

分析现行债券规则可知,满足发行条件的项目公司有以下几种发债模式,如图 4.30 所示。

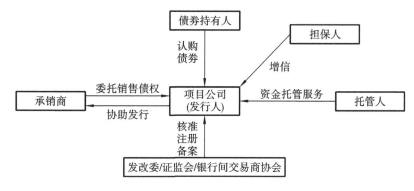

图 4.30 发债模式

①在银行交易市场发行永(可)续票据、中期票据、短期融资债券等债券融资。

②在交易商协会注册后发行项目收益票据。

③经国家发展和改革委员会核准发行企业债和项目收益债。

④在证券交易所公开或非公开发行公司债。

2. 融资租赁模式

融资租赁又称设备租赁或现代租赁,是指实质上转移与资产所有权有关的全部或绝大部风险和报酬的租赁。融资租赁集金融、贸易、服务于一体,具有独特的金融功能,是国际上仅次于银行信贷的第二大融资方式。

融资租赁有三种主要方式:直接融资租赁,可以大幅度缓解建设期的资金压力;

设备融资租赁,可以解决购置高成本大型设备的融资难题;售后回租,即购买有可预见的稳定收益的设施资产并回租,这样可以盘活存量资产,改善企业财务状况。融资租赁模式如图 4.31 所示。

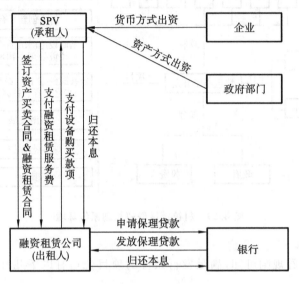

图 4.31　融资租赁模式

3. 基金模式

1) 产业投资基金

产业投资基金相比于私募股权投资基金,具有以下特点:

①产业投资基金具有产业政策导向性;

②产业投资基金更多的是政府财政、金融资本和实业资本参与;

③存在资金规模差异。

2) 政府引导基金

政府引导基金是指由政府财政部门出资并吸引金融资本、产业资本等社会资本联合出资设立,按照市场化方式运作,带有扶持特定阶段、行业、区域目标的引导性投资基金。政府引导基金具有以下特点:

①非营利性,政府引导基金在承担有限损失的前提下让利于民;

②引导性,充分发挥引导基金的放大和导向作用,引导实体投资;

③市场化运作,采取有偿运营,非补贴、贴息等无偿方式,充分发挥管理团队独立决策作用;

④一般不直接投资项目企业,作为母基金主要投资于子基金。

3) 城市发展基金

城市发展基金是指地方政府牵头发起设立的,募集资金主要用于城市建设的基金,其特点如下:

①牵头方为地方政府,通常由财政部门负责,并由当地最大的地方政府融资平台

公司负责具体执行和提供增信；

②投资方向为地方基础设施建设项目，通常为公益性项目，如市政建设、公共道路、公共卫生、保障性安居工程等；

③还款来源主要为财政性资金；

④投资方式主要为固定收益，通常由地方政府融资平台提供回购，同时可能考虑增加其他征信。

城市发展基金模式如图 4.32 所示。

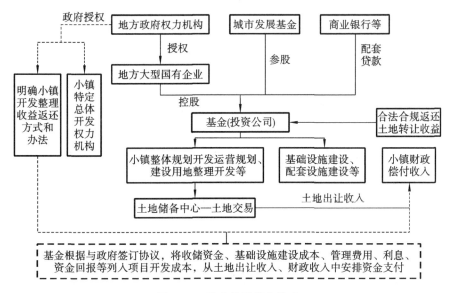

图 4.32 城市发展基金模式

4) PPP 基金

PPP 基金是指基于稳定现金流的结构化投融资模式。PPP 基金可分为 PPP 引导基金和 PPP 项目基金，其中 PPP 项目基金又分为单一项目基金和产业基金等。

PPP 基金是国家层面的 PPP 融资支持基金。PPP 基金在股权、债权、夹层融资领域均有广泛应用，包括为政府方配资，为其他社会资本配资，单独作为社会资本方，为项目公司提供债权融资等。

4. 资产证券化模式

资产证券化是指以特定基础资产或资产组合所产生的现金流为偿付支持，通过结构化方式进行信用增级，在此基础上发行资产支持证券（asset backed securitization，简称"ABS"）的业务活动。资产证券化模式如图 4.33 所示。

但基于我国现行法律框架，资产证券化存在资产权属问题。

村镇社区建设涉及大量的基础设施、公用事业建设等，基础资产权属不清晰，在资产证券化过程中存在法律障碍。

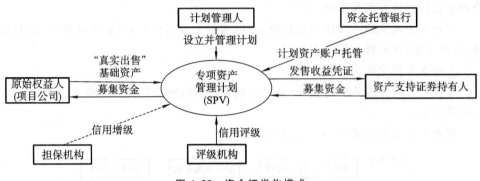

图 4.33　资金证券化模式

5. 信托收益模式

信托收益模式类似于股票的融资模式,由信托公司接受委托人的委托,向社会发行信托计划,募集信托资金,统一投资于特定的项目,以项目的运营收益、政府补贴、收费等形成委托人收益,如图 4.34 所示。

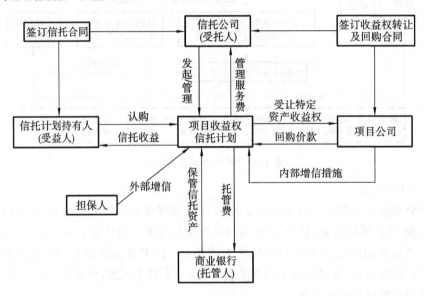

图 4.34　信托收益模式

6. PPP 融资模式

PPP 融资模式从缓解地方政府债务角度出发,具有强融资属性。在村镇社区建设开发过程中,政府与选定的社会资本签署 PPP 合作协议,按出资比例组建 SPV,并制定公司章程,政府指定实施机构授予 SPV 特许经营权,SPV 负责提供村镇社区建设运营一体化服务方案,村镇社区建成后,通过政府购买一体化服务的方式移交政府,社会资本退出,如图 4.35 所示。

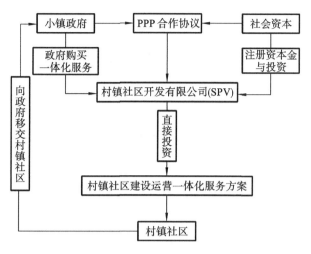

图 4.35　PPP 融资模式

7. 投融资规划方案步骤

根据村镇社区投融资特点,将其投融资规划分为以下步骤。

1）系统环境

归纳分析村镇社区的软件环境、硬件环境及约束条件,因地制宜,挖掘特色产业。

2）问题界定

深入剖析挖掘,提炼特色产业发展与村镇既有资源条件、规划设计要求、使用功能需求之间的适应程度,发现主要矛盾。

3）整体解决方案

围绕主要矛盾重新规划设计原有系统环境,包括区域规划、土地利用、产业发展、建设与开发时序、投融资时序、收益还款时序等。

4）细部解决方案

规划设计目标体系达成策略,解决细部问题方案,即达成各个子系统目标的措施集合。

5）建立投融资规划模型

通过时序安排细部解决方案的搭接,初步形成投融资规划模型。

6）模型修正

进行定量检验,与政府管理部门、专家学者进行专题研讨会,系统分析优化模型的设置。

7）部署实施

确定开发部署安排,提出村镇社区规划建设运营建议。

第5章　普通村镇社区规划设计

5.1　浙江省杭州市余杭区塘栖镇塘栖村

5.1.1　村庄概况

1. 历史沿革

塘栖镇,地处杭州市北部,距离杭州市中心约20km,与湖州市的德清县相接壤,为江南十大名镇之首,又因穿镇而过的京杭大运河而兴,风景优美,历史悠久,是镶嵌在古运河畔分外耀眼的明珠,镇内居民住宅如图5.1所示。

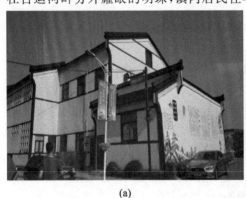

(a)　　　　　　　　　　　　　　　　　(b)

图5.1　塘栖镇居民住宅

(a)居民住宅(一);(b)居民住宅(二)

塘栖镇拥有着悠久的历史。在北宋以前,塘栖镇只是一个小渔村,为数不多的渔民散居于此。直至元代运河形成后,人们才渐渐沿岸而栖,形成了塘栖镇的雏形。到了明代,广济桥的修建才使运河两岸形成了一个整体,并由于运河两岸人们相互的来往逐渐形成了一定的集镇规模。而在众多的官方和民间记载中,都记录着塘栖镇形成的历史,其中必不可少的都提到了京杭大运河。可见,在塘栖镇的形成和发展中,秀丽的京杭大运河起到了至关重要的作用。

塘栖村位于塘栖镇的城乡接合部,随着京杭大运河两岸集镇发展而逐渐形成,由原蔡家埭村和原三官堂村合并而成。09省道穿村而过,交通便利,经济发展水平较高,基础较好;文化积淀深厚,文人墨客层出不穷,书香门第佳话传世;文物遗产丰厚,多处物质文化遗产至今仍留存,向人们诉说着当年的风采;人杰地灵,物产极其丰富,自古便有着名扬天下的琵琶和远扬海外的丝绸,被世人称赞。

2. 社会经济条件

塘栖镇位于杭嘉湖平原的南段,典型的江南水乡村镇,是杭州市六大组团之一的中心城镇。经过多年的发展,现已形成了以服装、丝绸、建材等传统产业和蜜饯食品、针织服饰、金属制品、农药化工等优势产业相结合的经济发展趋势,并努力地培育以电子、机械、汽配为主的新兴行业。以浓厚的水乡古镇历史为依托,以传统农业、手工业为基础,以现代产业结构为支柱,大力发展京杭大运河水乡文化,以复兴塘栖古镇。

3. 村庄区位

塘栖村地处余杭区塘栖镇,东与望梅路相接,西侧紧邻秋石北路,南侧与小龙线相望,北侧紧靠运溪路,环境优美,水域面积广阔,被大片绿植、农田包围。塘栖村位于杭州市区正北方,南侧是著名的超山风景区,北侧则为历史悠久的京杭大运河,具有得天独厚的地理位置,并建有塘超小径,江南水乡韵味十足(见图 5.2)。村庄建筑呈散点状布置,沿塘岸而建,传统风貌独特,布局错落有致,空间灵活,结构肌理特征鲜明,如图 5.3 所示。

(a)　　　　　　　　　　　　　　　　　(b)

图 5.2　塘栖村的水景

(a)水景(一);(b)水景(二)

(a)　　　　　　　　　　　　　　　　　(b)

图 5.3　村庄标语与墙绘

(a)标语;(b)墙绘

4. 优势分析

1)交通便利

塘栖村地理位置优越,水陆交通都十分便利。京杭大运河作为历史悠久的水路交通,自西向东贯穿全镇,由运河分出来的众多支流也四通八达,为村镇提供了十分便利的水路系统。陆路系统有杭宁高速穿城而过,09 省道更是在东西方向贯穿全镇,塘康公路、拱康路、圆满路三条主干道由塘栖镇直通杭州,是杭州水上巴士的终点站,并有多条公交线路可抵达,可谓四通八达。

村内道路干净整洁、通达有序,串联着一户户的农家。道路分级明确,主要道路和村庄小道共同组成村庄的道路网络系统,被大片的农田和池塘包围,环境优美,水乡氛围十足。塘超小径更是韵味十足,分东西两线,连接着塘栖古镇和超山风景区。东线沿石目港与超山风景区相衔接,并在途中将塘栖村、超丁村、丁河村、丁山河村与丁山湖漾南岸相串联;西线则沿秋石北路将西苑村及宏磻村相串联,全长约 16 km,既可徒步也可骑行,是余杭美丽乡村精品线路之一。

2) 环境生态

塘栖村地处京杭大运河南侧,又是著名的江南水乡、江浙重镇,拥有大量的水域面积和天然的生态条件。村民房屋沿塘边而建,农田、绿地与池塘交相辉映,共同形成包围村庄的自然条件。池塘面积达五分之一,绿化面积达三分之一,天然的生态条件为塘栖村带来了不可多得的江南水乡村镇景观和良好的生态环境,不仅为居民提供了必需的生活条件,也为居住环境的提升作出巨大贡献,如图 5.4 所示。

(a)   (b)

(c)   (d)

图 5.4   塘栖村优美的环境

(a)绿植;(b)水景;(c)环境(一);(d)环境(二)

塘栖村北侧与历史悠久的京杭大运河相接,受京杭大运河两侧商贾文化、人文历史和建筑风格的熏陶,南侧与超山风景区相望,两者相映成趣,共同为塘栖村带来了独特的生态空间环境,更有新建的塘超小径作为两者的连接穿村而过,为塘栖村增添了一处优美的风景。

3) 文脉丰厚

塘栖镇发展历史悠久,文化内涵丰厚,自北宋建镇以来,便是文人商贾聚集之地。由京杭大运河带来的商业繁荣,给当地带来了浓厚的商贾文化,直至今日,仍留存着众多的商家店铺,有些已有上百年甚至几百年的历史。百年汇昌、姚致和堂、劳鼎昌、翁长春、广泰丰、大纶丝厂等都已是存在百年的商业老字号,涵盖了食品、医药、布匹、米业、纶丝等多个行业,向人们展示了当时京杭大运河范围内商业的繁荣和历史。

塘栖镇不仅商贾文化气息浓厚,自聚市以来人才辈出,人文内涵丰厚,自古人杰地灵、文风颇盛。明清时期,便以"丹铅精舍""樾馆""结一庐"等藏书阁名胜四方,而且还出现了朱学勤、劳格等著名的藏书大家。

5.1.2　规划设计

1. 交通规划

塘栖村沿村边界东侧与望梅路相邻,北侧紧靠运溪路,村庄内有多条交通支路,分为车行道路和人行小道两种,共同组成串联村庄的道路网络,如图 5.5 所示。运溪路和望梅路是两条村庄与周围区域相连通的主要道路,与村内道路网络相连,为居民日常出行提供便利。村内交通网路由交通车行道和交通人行道组成,车行道宽 5~6 m,主要承担村内居民车辆通行功能;人行道宽约 2.5 m,主要承担村内居民日常非机动车与步行通行功能。

塘栖村依托塘栖镇"四好公路"建设,拓宽了村庄内部道路,并对道路路面进行了硬化和美化,提高了村庄居民出行的便利性,也为村庄风貌美化做了一定的提升。

2. 建筑风格

在 2016 年以前,由于管理不足,曾存在大量村民私自搭建的违章建筑、砖瓦车库、钢架大棚和不雅建筑,严重影响了村庄的风貌和道路。为了向人们展现真实的江南水乡风貌特点,同时提高居民的生活水平和生活品质,塘栖村在 2016 年时毅然决定对影响村庄面貌的私搭乱建违章建筑和不雅建筑进行拆除,在两个月内共拆除了违章建筑、钢架棚、不雅建筑、三段式房屋、砖瓦车库等四万多处,为恢复塘栖村江南水乡传统风貌做了巨大努力。

村庄内的建筑大多是村民自建,层数多为 3~4 层,建筑的高度控制在 13 m 以内,以免过高的建筑高度对塘栖村整体风貌造成影响,如图 5.6 所示。在整治前,塘栖村内建筑风格未统一,建筑面貌混乱,大多是 20 世纪 90 年代的样式,外貌较为破败。经过一段时间的整治,目前村庄的建筑风格风貌得到了良好的统一,村委会利用"以奖代补"的方式征得了村民的积极配合。建筑的外立面恢复了江南水乡的传统风格,粉墙黛瓦的建筑外观使人们真切地感受到江南水乡的风情,白墙底上绘制出古风古韵的墙体彩画,为村庄的建筑外立面增添了亮眼的一面。

图 5.5　塘栖村的栈道与道路

(a)栈道(一);(b)道路(一);(c)栈道(二);(d)道路(二)

图 5.6　塘栖村建筑

(a)建筑立面(一);(b)建筑立面(二)

3. 公共设施

为提高公共设施对于居民生活的便利性,村庄内对市政管道、强弱线路、公共广场、垃圾分类、医疗设施等方面进行了详细的规划。

市政管线方面,在水处理上,在村庄内地下进行了集中设计,埋设了截污纳管,对生活污水进行生态处理,集中到村内的化粪池进行物理处理。

自来水管道全部通达,自来水管道经由地下管道通至村民家中。电线杆、电箱等进行下埋,对地面进行开挖、排线,由电力公司进行穿线,对 120～130 户线路进行规整。

为满足居民对于高品质生活的要求,村内设置了三个公共广场,每个广场的占地面积 1 000～2 000 m²,并设置了健身器材、休闲凉亭等公共设施,对周边环境进行了美化,形成了舒适的公共空间环境。

在村内,对村民进行了垃圾分类教育与宣传,并且安放了垃圾分类宣传栏、垃圾分类箱(见图 5.7),对村民日常生活垃圾进行分类处理,分为“可腐蚀”和“不可腐”,由村民自理,并且每个月都会有专人登记,进行垃圾分类处理评比,选出优秀村民家庭。

图 5.7　塘栖村的垃圾分类箱

塘栖村距镇中医院仅 2 km,距离比较近,并且每年安排专家医生进行义诊,老年人每个月 11、12 日定期进行血压血糖检测,医疗卫生条件方便完备。

4. 文化建设

塘栖村法根传统茶食工坊以村企共建为背景,以“秉承传统制作工艺,发扬特色茶食文化”为宗旨,定期组织村内党员、妇女、中小学生等来参观实习,深入挖掘法根食品厂的优势资源,以村文化礼堂为中心,传承塘栖村特色文化脉络,发扬老一辈的文化精髓,实现村企共赢。

传承非遗文化,体验指尖技术。米塑又称"粉塑",是独特的民俗工艺,与北方的"面塑"并称为食品塑作工艺双绝。黄芳珠作为省级非物质文化遗产——米塑的传承人,致力发扬传统手工艺文化。在黄芳珠带领下,芳珠米塑工坊培养了村民对家乡传统工艺的兴趣和热情,同时也增加了大家对非遗文化的认识,让博大精深的传统工艺广为流传、生生不息。

"舞热邻里情,舞出好乡风"。村民参加舞蹈队活动,一方面丰富了村民的业余生活和精神文化生活,提升了村民道德素质,形成了安定和谐的文化生活氛围,使邻里矛盾减少,邻里间更为和睦。另一方面,舞蹈队不仅成了宣传队,而且成了推广队,积极协助村委会推动各项工作的展开。

5.1.3 再生效果

1. 总体设计

引领区域产业升级,城乡统筹,成为塘栖村打造美丽乡村的切入点和新型城镇化的示范区,成为"塘超小径"整体景观带上一处突出的亮点。

1)产业升级

引领区域传统农业,向观光农业、休闲农业转型,鼓励村民参与旅游活动,提高收入和就业。

2)城乡统筹

对现状村落用地进行统一打造,与区域旅游功能相衔接,打造湿地旅游观光村,打造西塘新型乡村示范区及休闲旅游区。

对村内主要道路进行景观打造,两侧种植高大挺拔的银杏。把进村的主要通道打造成具有景观特色的银杏大道,让人们在进入时有强烈的仪式感和美感。对村内消防通道部分进行拓宽,宽度控制在 4~4.5 m,黑色沥青铺地,周边种植绿化进行美化。规定道路黄线内严禁停车。除了对村内主要道路进行整治提升,还对其他景观道路进行专项设计,如图 5.8 所示,主要采用木栈道、石板等有原生态景观的元素。

(a)   (b)

图 5.8 建筑与水相互掩映

(a)水景(一);(b)水景(二)

2. 核心区设计

村内的荷塘作为游船码头,游人进入村口,眼前为开阔的湖面景色,池塘边用太湖石镌刻"塘栖村"。通过廊桥进入村内,游船通过拱桥驶入石木港,进入另外一片风景优美的水域景观。

1)十里花海

"塘超小径"由南向北穿过塘栖村,总长度约 5 km。在沿线种植樱花、桃花、海棠等观花类乔木。地面种植时令花卉,按季节播种。水面种植荷花、睡莲、鸢尾、美人蕉等水生花卉植物。

2)邻水商业街

对原有建筑进行立面改造,景观上营造出商业的氛围,主要功能为商品、旅游纪念品销售,一部分为具有一定规模的餐饮、酒吧、咖啡馆、茶馆等。

3)精品民宿

整体定位为精致的中式院落式民宿。运用矮墙围合的形式,形成相对独立的空间形态,并结合当地传统建筑元素建造民宿,如土坯墙、石砌等元素。

3. 周边地块设计

1)农业观光园

枇杷为塘栖村的主要乡土树种和特色树种,在大量的枇杷种植区保留原有果园,对产业结构进行调整,适当增加其他类别果蔬种植,供游人进行自主采摘活动,定期举办"枇杷节"等。

2)美食街

村庄南面邻水有一排聚集的农居点,自然环境优美,对此处进行立面整治及环境提升,打造风景独特的美食街。

4. 专项设计

1)驳岸设计

在驳岸的处理上,以"自然生态驳岸"为主要形式,采用湿地自然缓坡等软化处理手法,在主要水道及岛屿等区域局部采用木桩驳岸,控制边界,防止水土流失,创造与自然和谐的景观,并结合人们对水的休憩需求,设计亲水平台、水上木栈道等加强人与水的互动,增强公园的趣味性。塘栖村的绿化情况如图 5.9 所示。

2)桥梁及栈道设计

塘栖村有丰富的水资源,除了注入后的主桥外,还有多个不同规格、形制的桥梁,桥梁主要以石材和木材为主要材料,突出古朴的风格特征。另外水岸有大量的木平台和木栈道,形式多变,突出生态的概念。

塘栖村利用村内及周边优秀的自然环境和自身独特丰富的自然资源,通过时尚的设计思路和生态理念,最大化展现村庄的优势,在村庄发展的同时,塑造了生态宜居的示范型村庄,为其他村庄的规划发展提供了宝贵的经验。

(a)　　　　　　　　　　　(b)

图 5.9　塘栖村的绿化

(a)绿化(一);(b)绿化(二)

5.2　河北省石家庄市赵县赵州镇大石桥村

5.2.1　村庄概况

大石桥村位于河北省石家庄市赵县县城南部,距离县城 4 km 左右,东与焦家庄相连,西与傅家湾、潘村接壤,南与睦家营村相连,北与焦家庄搭界。地处环省会旅游圈,为赵州桥景区所在地,紧邻柏林禅寺、西林寺塔等重要旅游景点,旅游区位优势显著,如图 5.10 所示。

1. 历史沿革

大石桥村始于隋代,原名"凤凰村",建村年代早于赵州桥,原村址的位置在村西300 m 处的高岗一带。赵州桥建成后,凤凰村便迁至桥头两岸,村名更改为大石桥村。

人们围桥而居,桥北边俗称桥北头,桥南边则呼为桥南头。自唐代以来,大石桥村就是水陆交通要冲,清代村中街道正处九省通衢,南北要道之上,是商贸集散中心。

20 世纪末,赵州桥被列为文物保护单位,修建了村庄东侧新桥,并建立了赵州桥风景区。景区占地村民向北迁移建立了北部新村。

为了保护赵州桥,原桥划入景区,禁止车辆通行,并在东部建设新桥,公路同时东移。村庄依道路向东拓展。随着村落人口增加及社会经济的发展,原址翻建有困难或有分户要求的村民,逐步在村子东、西、南三个方向建设,形成了围绕旧村建新房的现有村落格局。

2. 建设现状

1) 村庄布局

大石桥村受河流、赵州桥景区、公路等要素的分割,村庄建设布局呈组团状发展。

图 5.10　区位分析

北部和南部有相对集中的新村组团,建筑布局较为规整。中部核心区域为旧村,传统建筑相对集中,建筑布局错落有致;街巷狭窄,村落空间灵活有致,结构肌理特色鲜明。

2）道路

新村道路路网结构清晰,主路与巷路的分级明确,主要道路路面宽度 6 m 左右,次要道路路面宽度 3 m 左右。新村内道路硬化率较高,多采用水泥路面。

相比之下,旧村的道路结构自然、灵活,空间尺度小巧,记载了当年的生产、生活印记。村落内大部分街巷不能通行机动车,因而道路硬化率较低,仅少数道路采用水泥硬化,大部分巷路为土路。

历史街巷曲折有致、尺度宜人。现状曲折有致、自由灵动的小街巷和随处可见的老宅,不仅沉淀着历史,也记载了村落时空的演变。

村中主街在古代为皇道,处于九省通衢、南北孔道之上,可谓河朔之咽喉、交通之要冲。五代时,晋王于石桥进营野河之北;清代,提督郭宝昌驻大石桥村。

除兵事外,商贸交易更显活跃,特别是洨河水运方面,沧州、天津一带日用杂货及水产品均可经此地与上下游互通有无。

3）住宅

规划对民居现状进行编号统计,共有 1 088 处,无人居住的房屋有 110 处,主要集中于老村区域。

新村区域建筑多为 2000 年以后建设,房屋结构主要为砖混、砖木,层数以一层为主。屋顶形式以平屋顶为主,部分住宅为加强保温隔热的功能,在平屋顶上加扣了石棉瓦坡顶。新建建筑的风格虽然较为统一,主房、配房体量接近,围墙、门头高大,但建筑群落没有主次之分,外墙仅考虑防水需要,以水泥抹面,没有细节与装饰,远没有传统民居的韵味。

中部老村的建筑建设年代从20世纪五六十年代至今均有分布,尚有古朴、精美的百年老宅,充分展现了村庄的发展变迁痕迹。现存房屋质量相对尚好的,多为20世纪七八十年代建设的青、红砖房屋,多为土木结构。由于建筑年代久远,房屋大多斑驳、陈旧,但是门头、檐口、屋顶等建筑构件体现着传统的建筑特色,如图5.11所示。

(a)   (b)

图5.11 大石桥村房屋

(a)青砖房;(b)百年老宅

4)公共服务设施

村庄内部设有村委会(见图5.12)、医院、卫生室、小学、幼儿园、农村超市等公共服务设施。大石桥村委会位于赵州桥景区南部,占地面积约4 300 m²。村委会内设有图书室、文化活动室等功能区。

(a)   (b)

图5.12 大石桥村村委会

(a)办公用房;(b)服务大厅

村庄北部有安济医院,原为大石桥乡乡卫生院,占地面积约 2 900 m²。村庄有 1 个卫生室,位于村委会院内。村庄东部有 1 所小学,如图 5.13 所示为赵县石塔学校明德校区,占地面积约 9 000 m²,有 1 座 3 层教学楼和 2 座 2 层教学楼,建筑质量良好。村庄现有多所民办幼儿园,能满足村内学前儿童的入学需求。

(a)

(b)

图 5.13　大石桥村小学
(a)教学楼;(b)小学大门

现状的商业主要沿赵辛线旧线带状分布,从北部景区停车场区域延伸至南部小学附近,如图 5.14 所示。

(a)

(b)

图 5.14　大石桥村商业
(a)街景(一);(b)街景(二)

5.2.2　规划设计

1. 发展总体策略

其一,改善农田水利基础设施,推进现代农业建设。积极调整农业种植结构,大力发展林果种植业、无公害蔬菜种植,建设特色种植园。延伸农产品产业链,首先是开发与观光、休闲相关的旅游农产品;其次是开展以农业为主题的体验园、休闲园、参观园、互动园。

其二,大力发展乡村旅游产业,通过产业协作、服务互动和信息共享,以点汇线、以线带面地融入赵县的大旅游体系格局。把握"吃、住、行、游、购、娱"旅游六要素,推进大石桥旅游资源与休闲、文化、农业、餐饮、住宿、商贸、节庆等产业资源的协同发展,打造观光游、休闲游、科普游、养生游、体验游等旅游主题,丰富旅游形式与内涵。

大石桥村村域产业布局规划如图 5.15 所示。

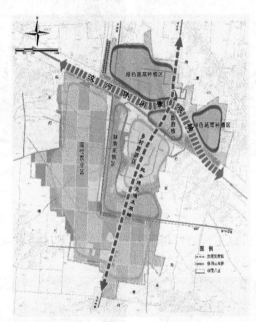

图 5.15 村域产业布局规划

2. 村域结构布局

大石桥以"旅游富村、生态兴村"为发展思想,整体形成"一核、两轴、四区"空间结构。

一核:指赵州桥景区,是带动村庄发展旅游的核心。

两轴:指洨河休闲景观轴和旧赵辛线交通发展轴。

四区:指村庄北部的绿色蔬菜种植区、中部的林果种植区、西部和南部的现代农业区、东部的乡村旅游区。

规划充分尊重村庄现状的建筑肌理、道路结构,基于现状的功能布局、公共设施布置、环境条件和风俗习惯,以补充完善、整治提高为主。

规划基本保留现状居住用地,不再新增村民宅基地,住宅应按统一规划进行建设,避免破坏村容村貌的整体性。

规划结合村委会建设村民中心,增加村庄公共活动空间。结合村庄景观节点的打造,增加健身广场、体育活动场地,完善健身器材、篮球架等设施,为村民提供运动健身的场所,丰富村民的文化生活。

大石桥村村庄规划如图 5.16 所示。

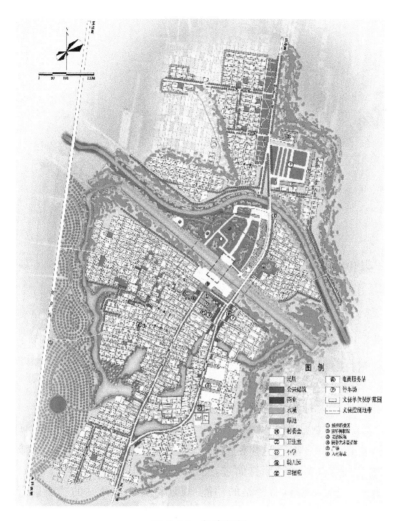

图 5.16　村庄规划

同时,改造现状卫生室,整治其院落环境。并结合现状小商店,丰富商品种类,将其整合成为农村超市,满足村民日常购物需求。

规划延续现有格局,按照道路主次框架和用地功能布局,形成"一心引领、两廊带动、五区联动、多点相映"的空间结构,如图 5.17 所示。

"一心":指赵州桥景区和村民中心形成的村庄公共服务中心。

"两廊":指环村水系景观廊道和赵辛线交通发展廊道。

"五区":指现状组团分布的五个居住组团。

"多点":指在村庄重点打造特色民宿、茶室、国学讲堂、小游园等乡村旅游景点。

以生态农业为基础产业,以赵州桥历史文化景区为核心支撑,以桥文化为总体脉络,打造集文化旅游、农事体验、休闲度假为一体的"石桥文化旅游小镇",如图 5.18 所示。

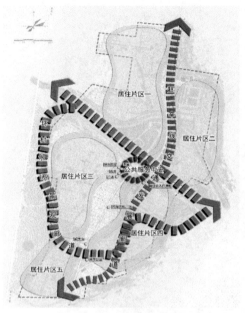

图 5.17　村域规划结构

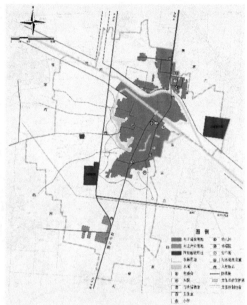

图 5.18　村域规划

大石桥村村庄规划主题为"水陆驿站,桥下人家",具体如下。

水——大石桥村有着丰富的水资源,北部的洨河常年有水,自古为漕运要道。村庄周边的沟渠、坑塘为打造环村水系提供了良好的基础。

陆——大石桥村村庄南北向主街正处九省通衢、南北孔道上,可谓河朔之咽喉、交通之要冲,自古商贾云集。赵州桥的修建就是为了解决古皇道的交通问题。现状村庄北临 308 国道,有赵辛线穿村而过,交通条件便利。

驿站——古代大石桥村有驿站的功能,规划将村庄古驿站的功能进行演绎,通过旅游节点的建设,将其打造成为旅游驿站,让游客留下、住下,成为二日游、多日游的中转站。

桥——赵州桥,村庄桥文化最重要的载体,同时是石家庄、河北乃至中国的一张名片,规划结合赵州桥、桥梁博物馆和环村水系的互动桥梁文化科普区及互动体验区,打造"桥文化"第一村。

下——这是一个方位词,有下游、延伸、相邻的意思,规划借助赵州桥景区的带动作用,将游线向村庄延伸,带动村庄旅游业的发展,体现二者唇齿相依、共生共荣的关系。

人——聚集人气的场所,通过美丽乡村建设,注入新的活力,让村庄的人气旺起来。

家——将大石桥村建设成为有归属感、乡土韵味、乡愁情怀的村落。

5.2.3　再生效果

石桥文化广场为一期工程中重点打造节点之一,以"赵州桥南口—关帝阁"作为突破口,结合村委会、供销社、关帝阁、茶室、民宿、巷道等节点整体打造,将赵州桥神话故事作为景观序列展开叙述,并呼应村庄主题——"水陆驿站,桥下人家",结合建筑形式以及民间乡俗活动,营造浓郁的"古韵古城"氛围。此处作为游人在游览赵州桥景区后的第一站,旨在打造村庄旅游经济的引爆点,以点带面,营造大石桥旅游特色小镇。石桥文化广场现状如图 5.19 所示,规划如图 5.20 所示,景点如图 5.21 所示。

(a) (b)

图 5.19　石桥文化广场现状
(a)广场宣传栏;(b)广场街道

图 5.20　石桥文化广场规划设计效果图

(a)   (b)

(c)

图 5.21　石桥文化广场景点

(a)景点(一);(b)景点(二);(c)景点(三)

1. 院落更新

大石桥村民居建筑以院落为单元,共计 1 088 处。由于建设年代跨度较大,村庄建筑风貌多样,新旧建筑在形式、色彩、建筑材料等方面存在较大的差异,旧村区域街巷尺度较小,建筑布局错落有致。新村区域为搬迁村,因村庄宅基地管理工作较好,住宅布局较为规整。在色彩上,民居建筑多以材料的原色或清淡的色调为主,大面积色彩为青灰色、砖红色;新建建筑墙面多采用水泥抹面,如图 5.22 所示。

在民居建筑的组成上,正门处于最重要的位置,是整个建筑的脸面。门头上设置门楣,配以精美的木雕,而其余各细部装饰则甚为简洁,没有过多变化,如图 5.23 所示。

民居建筑的屋顶以前多采用平屋顶,这是出于充分利用屋顶采光及晾晒粮食的需要,但是在防水和保温上存在一定的缺陷。近期的民居建筑意识到这个问题,多用坡屋顶改良,如图 5.24 所示。

在建筑的内秀上,主要从精美的木雕、砖雕等饰物形成的鲜明对比中表现出来,体现出当地工匠深厚的艺术素养和高超的技术水平。尤其是门头的木雕精细传神,格外朴素雅致,如图 5.25 所示。

(a) (b)

图 5.22 现状民居

(a)民居(一);(b)民居(二)

(a) (b)

图 5.23 现状民居门头

(a)门头(一);(b)门头(二)

(a) (b)

图 5.24 现状民居屋顶

(a)屋顶(一);(b)屋顶(二)

图 5.25　现状民居门头木雕

2. 建筑质量分类

1 088 处建筑院落按建筑质量划分为 A、B、C、D 四个等级。其中,A 类房屋结构承载力能满足正常使用要求,未发现危险点,结构安全,如图 5.26 所示。

B 类房屋结构承载力基本满足正常使用要求,个别结构构件需要改造,但不影响主体结构,如图 5.27 所示。

C 类房屋部分承重结构承载力不能满足正常使用要求,需要进行加固处理,如图 5.28 所示。

D 类房屋承重结构承载力已不能满足正常使用要求,整体出现险情,构成整幢危房,如图 5.29 所示。

(a)　　　　　　　　　　　　　　　　　　　(b)

图 5.26　A 类建筑

(a)A 类建筑(一);(b)A 类建筑(二)

(a)　　　　　　　　　　　　　　　(b)

图 5.27　B 类建筑

(a)B 类建筑(一)；(b)B 类建筑(二)

(a)　　　　　　　　　　　　　　　(b)

图 5.28　C 类建筑

(a)C 类建筑(一)；(b)C 类建筑(二)

(a)　　　　　　　　　　　　　　　(b)

图 5.29　D 类建筑组图

(a)D 类建筑(一)；(b)D 类建筑(二)

3. 民居分类改造

1）建筑设计思路

追溯赵州桥所在年代—隋朝,从隋朝建筑中提炼建筑元素,在原有建筑主体的基础上,打造隋朝古风建筑群落。

2）民居改造

民居采用两种手法进行处理:户内想做商业的,处理成门脸形式;户内不想做商业的,可在其外围做活动移动式摊位。采用以上手法进行街道更新处理,打造南北商业街。

门脸改造:户内同意改造,可根据实际需求来办理不同形式的商业门店,如图5.30所示。

图 5.30　门脸改造

移动摊位:户内不同意改造,可在其前方设置移动摊位,形成小商业个体,如图5.31 所示。

图 5.31　移动摊位

　　街道加入艺术树池及休息座椅等软景观,增强游客的体验性。将环村水系引进南北街,融入水体文化,映衬主题。南北街向巷道延伸,打造"静"空间,如图 5.32 和图 5.33 所示。

图 5.32　街道空间

图 5.33　南北商业街节点

4. 生态绿化

1) 村庄入口绿化

　　人石桥村四周林木较多,村庄主要出入口及坑塘周边种植的树木主要是国槐、杨树和柳树。

2) 村庄绿化

　　村庄没有小游园,旧村区域老树较多,主要有杨树、柳树、槐树、榆树等。新村区域街道两侧进行初步绿化,绿化树种以法桐、冬青为主,如图 5.34 所示。

(a)   (b)

图 5.34　村庄绿化

(a)绿地(一);(b)绿地(二)

3) 庭院绿化

住宅内部多数已经实现硬化,但绿化较少。少数院落内栽有槐树、石榴等,部分庭院面积较大的,可种植时令蔬菜,如图 5.35 所示。

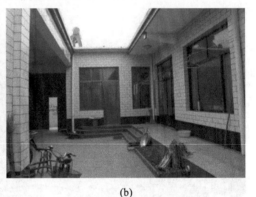

(a)   (b)

图 5.35　庭院绿化

(a)院内绿植(一);(b)院内绿植(二)

4) 村庄周边绿化

村庄周边绿化是指塑造村庄的主要景观面。以乔木、果树种植为主,形成"房在树中"的景观效果。以村庄为中心,四周农田、防护林、果园环绕,村旁形成以道路为线,农田、生态水岸绿化为片的景观带。

用作果园、种植园的防护林,应采用紧密结构,一般林带可采用疏透或通风结构布置。

5) 村庄道路绿化

主要道路和交通性道路绿化采用"乔木+灌木"的种植模式,植物种植以国槐、杨树、柳树为主。村内次要道路宜采用群植或孤植形式,以灌木为主。道路两侧种植空间较小、界面较为生硬的地段采用爬藤型绿化方式。

赵辛公路两侧设置宽度不少于 10 m 的防护绿地。村内主要道路宽度较窄,绿地采用小乔木、灌木等爬藤植物混植方式。

村庄内主要道路保留现有的乔木,绿化分高、中、低三层:高层乔木选择国槐、法桐、女贞、栗树等;中层乔木选择丁香、碧桃等;低层灌木补植连翘,低层草本花卉可选择白三叶于中层乔木下方种植。

次要道路路面宽度 3～4 m,绿化分高低两层。乔木选用梓树,可间植樱花;花灌木选择丰花月季;院墙上可植藤本植物,如爬山虎、丝瓜等。

宅间道路路面宽度 2～3 m,行道树可选择李树(果树),补植紫丁香;藤本可选择凌霄、南瓜;低层草本可选择蔬菜、二月兰。

6)宅旁绿化

新建房屋内庭多已硬化,建议以盆栽为主;村庄旧房屋还保留原始院落形态,建议在院内种植果树,沿山墙种植小乔木、爬藤类植物。

7)庭院绿化

庭院内要做到硬化与绿化兼顾,村民可自主选择绿植的种类,宜以果树和蔬菜绿化为主,既有绿化作用,又有经济收益。

8)坑塘水边绿化

围绕洨河河道,河岸两侧铺设卵石步道,通过丰富的水生植物营造多样的河道景观,建设色彩艳丽的洨河两岸水系景观带,打造"水上泛舟画中游"的意境。

沿旧村外围现有沟渠,打造环村水系景观绿化带,并结合沟渠两侧闲置地合理配置绿化节点,以生态保护、水土保持、绿化美化河岸、净化水体为目的,体现乡土特色,选择耐水性较强的乔木、有净化水体功能的水生植物和花卉,打造"清清渠水绕村庄"的美景。

植物配置方面,乔木以垂柳、水杉、国槐、小叶杨等为主,花灌木以芦苇、香蒲、菖蒲、荷花、二月兰、鸢尾、野花组合等为主。

9)活动场所绿化

利用村内闲置宅基地和街角不利建设用地,建设街角小游园,绿化以自然植物为主,乔、灌、草相结合。小游园部分铺砖硬化,设置座椅、健身设施等居民活动设施,为周边居民提供休闲及农业劳动场地,满足日常聚集较多的公共活动空间,融休憩、情感交流、健身活动、文化传播和村庄形象展示等多种功能于一体。

10)景观公园绿化

在原有坑塘的基础上,根据现场地形,营造湿地亲水公园。仅在坑底设置浅层水系,保留大量活动空间,满足不同年龄段的游览需求,如惊险新奇的吊桥,悠闲浪漫的水上木栈道,大型水车、假山叠水观赏景观,还有专门供儿童游乐的儿童乐园。在公园东北侧设计一座凉亭,人们在此休息的同时可以将整个公园的美景尽收眼底。公园以"金桥"命名,既呼应村庄主题,又将公园主景"吊桥"融入其中,园如其名,如图5.36 所示。

图 5.36　公园鸟瞰

5.3　河北省石家庄市行唐县玉亭乡东城仔村

5.3.1　村庄概况

东城仔村位于河北省石家庄市行唐县玉亭乡西北部。东城仔村距乡政府 7.51 km，红领巾水库位于村庄西部，608 乡道位于村庄北部，村庄北联北城仔村，南接南城仔村，交通较为便利。东城仔村属山区，地势由北向南缓缓倾斜。村域总面积 314.9 hm²，全村建设用地 13.1 hm²。村庄的主导产业为农业，主要农作物有玉米等，兼以工业生产为辅。

1. 建设现状

村庄整体布局规整，村民建筑排列相对整齐。村内民居共有 200 处。村庄民居建筑多为平屋顶，墙面色彩主要为砖石色，墙面材质主要为砖石及水泥砂浆，房屋结构主要为框架及砖混结构，如图 5.37 所示。

200 处住宅按建筑成新率和质量分为四类，A 类住宅多为近年来新建，质量好，共 37 处，占住宅总量 18.5%，如图 5.38 所示。B 类住宅质量较好，共 130 处，占65%，如图 5.39 所示。C 类住宅质量较差，共 25 处，占 12.5%，如图 5.40 所示。D 类住宅质量最差，有 8 处，占 4%，如图 5.41 所示。

村庄建筑风格比较统一，主要以平屋顶砖墙为主，少量村民住宅以瓷砖作为装饰材料。现状 200 处住宅中，100% 为平屋顶，住宅建筑层数以一层为主，部分为二层建筑；民居墙面为瓷砖墙面 17 处，占 8.5%；红砖墙面 93 处，占 46.5%；砂浆混凝土 90 处，占 45%。

(a)　　　　　　　　　　　　　　　　(b)

图 5.37　村庄主要建筑类型

(a)类型(一);(b)类型(二)

图 5.38　A 类建筑　　　　　　　　　**图 5.39　B 类建筑**

图 5.40　C 类建筑　　　　　　　　　**图 5.41　D 类建筑**

2. 公共建筑现状

　　东城仔村现有村委会、卫生室、药店及少量商业门店,村委会暂位于村庄中部,与卫生室、商店合建,如图 5.42 和图 5.43 所示;共有超市 2 家,分布在村庄的主路两侧,村内无活动场地。就目前情况而言,村庄公共服务设施仍旧缺乏,公共建筑质量一般,设施简陋,远远不能满足村民需求。

图 5.42 村委会

图 5.43 商店

3. 道路现状

现状村庄道路分为主路、支路和巷道,如图 5.44~图 5.47 所示。主路道路格局为"三纵三横",共计 6 条主干道,南北向三条主要道路已经硬化,硬化材质为水泥,硬化道路宽度为 4 m。巷路无硬化。

图 5.44 村庄入口道路

图 5.45 村庄主干道

图 5.46 次干道

图 5.47 巷道

4. 绿化现状

村庄没有公共绿地,村庄周边种有林地,仅主干道两侧有绿化,如图 5.48 所示。

现状闲置宅基地部分种植蔬菜、杨树,部分居民住宅院内种植少量果树,村庄周边有少量林地,绿化环境不成体系,不能体现村庄良好的田园风光。

(a)　　　　　　　　　　　　　　　(b)

图 5.48　道路两侧绿化

(a)绿化现状(一);(b)绿化现状(二)

5. 环卫设施现状

村庄垃圾以生活垃圾为主,兼有少量建筑垃圾。生活垃圾主要以渣土、餐厨垃圾、废旧书报、枯枝残叶等为主。建筑垃圾主要是农户建房的剩余建材,以断砖残瓦、破旧陶瓷、废旧管材等为主,除少部分用于填充路基外,其余大部分为路边露天堆放。

目前村内没有垃圾收集点,有生活垃圾随意倾倒于村庄道路周边空地的现象,如图 5.49 所示。村庄厕所全部为旱厕,有结合院落南厢房设置和户外式两种形式。由于污水收集设施欠缺,现有厕所均为渗水厕,容易造成地下水污染。

(a)　　　　　　　　　　　　　　　(b)

图 5.49　垃圾随意倾倒

(a)垃圾倾倒(一);(b)垃圾倾倒(二)

6. 村容村貌

村庄主干道环境整洁;村庄内部有部分空闲地,多用于堆放自家杂物;同时,村内宅前路也多存在杂物垃圾乱堆乱放的现象,如图 5.50 所示。

(a)　　　　　　　　　　　　　　　　　　　(b)

图 5.50　杂物乱堆放组图

(a)杂物堆放(一);(b)杂物堆放(二)

5.3.2　规划设计

1. 规划先行,示范带动

规划是村庄建设的依据,实际建设中要突出规划的引领作用,坚持不规划不设计、不设计不施工;始终把高标准、全覆盖、可持续的建设理念融入规划中,以规划设计提升美丽乡村建设水平。

2. 城乡统筹,突出特色

逐步实现城乡基本公共服务等值化,推进城乡互补,协调发展;注重保留村庄原始风貌,慎砍树,不填湖,少拆房,不盲目追求城市的洋气、阔气,尽可能在原有村庄形态上改善农民生活条件,保护乡情美景,传承优秀文化。

3. 示范引领,有序推进

既要注重整治脏乱差,又要注重基础设施和公共服务提升;既要开展集中整治,又要建立长效机制;既要明确推进的重点区域,又要明确建设的目标和标准;坚持综合治理、注重实效,切实避免形式主义、形象工程。

4. 因地制宜,分类指导

按照"就地改造保留村,稳步推进中心村,保护开发特色村,控制搬迁撤并村"的思路,对不同类型的村庄因村施策。对保留类村庄,要一村一策,就地改造;对撤并类村庄,实施整合资源、有序整治、合理开发。

5. 党政主导,农民主体

各级党委、政府是美丽乡村建设的责任主体,以县为单元,统筹谋划,合力推进,力求取得实实在在的成效。要充分尊重农民意愿,不搞强迫命令,切实调动农民的积极性、主动性和创造性,广泛征求群众意见,引导群众主动参与,依靠群众的力量和智慧建设美丽家园。

6. 规划目标

按照"村貌悦目协调美、村容整洁环境美、村强民富生活美、村风文明身心美、村稳民安和谐美"的目标,全面提升村民的生活、生产水平,实现跨越式发展。

5.3.3　再生效果

1. 居民建筑改造

1) 现有建筑改造

尊重地域特色的风貌,传承地域传统的建筑风貌。在满足主房、院落、围墙、辅房等空间组合的关系下,主房设置坡屋顶以改善室内保温条件。庭院空间增加乡土果木和花卉。屋顶用灰砖,墙面采用粉刷涂料,门头多采用暗红色瓷砖或灰色瓦片饰面,门窗为铝合金或塑钢门窗,大门采用金属外粉刷涂料居多。墙体色彩有灰色、白色等,墙裙为亮灰色,大门以红色居多。整体民居改造风格:以村庄原有风貌为依托,强调建筑的本色,建筑材质保持原有特色。以改造门楼、墙面为主,清洗墙面,保持墙面的纹理,结合景墙和房边植物种植来丰富层次。改造重点为门楼、窗户和墙面,如图 5.51 所示。

2) 新民居建设规划

村庄新建民居宜以两层为主,采用砖混结构和坡屋顶形式。可设置地下室,以增加使用面积,并且可以防潮。屋顶应以灰瓦屋面为主,墙面粉刷白色涂料,门窗以木质为主,整体色调与村庄整体风格相协调。建筑进深与高度应与周围建筑协调,并满足日照要求。

3) 民居院落布置

统筹安排院落各要素,包括房屋、厕所、洗澡间、停车位、杂物间、宠物间、绿化等。院落内尽量不安排鸡、猪、羊、牛等圈舍,多布置果木花草,墙边布置爬藤植物。

4) 墙面处理

保持建筑的本来材质,清洗墙面,以墙面作为背景,设置小品或者布置休憩空间。裸露建筑材质的质感,结合景观打造原生态的村庄风貌,如图 5.52 所示。

5) 整治策略

(1) 样板间一整治策略

样板间一整治策略如下。

①屋顶:质量良好,修复破损,清洗整理即可。

②勒脚:保留石材勒脚、水泥勒脚,或者增加 60 cm 高的勒脚。

③墙面:清洗墙面,露出原有的水泥材质,水泥围墙上做压顶,如图 5.53 和图 5.54所示。

图 5.51　墙面改造

图 5.52　墙面处理

(a)

(b)

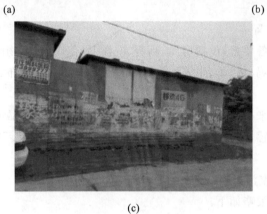

(c)

图 5.53　现状墙面

(a)墙面(一);(b)墙面(二);(c)墙面(三)

(a)　　　　　　　　　　　　(b)

(c)

图 5.54　墙体改造更新

(a)墙体改造更新(一);(b)墙体改造更新(二);(c)墙体改造更新(三)

④门头:设计新门头,提炼传统建筑的特点,用砖新砌门楼,外贴文化石。

(2)样板间二整治策略

样板间二整治策略如下。

①屋顶:质量良好,修复破损,清洗整理即可。

②勒脚:保留石材勒脚、水泥勒脚,或者增加 60 cm 高的勒脚。

③墙面:清洗墙面,露出原有的红砖材质,如图 5.55 和图 5.56 所示。

④门头:设计新门头。提炼传统建筑的特点,用砖新砌门楼,外贴文化石。

(3)猪圈整治策略

猪圈整治策略如下。

①仍在使用的猪圈:抬高猪圈的围墙,可做造型墙或者做展示墙等。

②废弃不用的猪圈:可用作菜园,或者种植爬藤类植物。

猪圈整治效果如图 5.57 所示。

(a)　　　　　　　　　　　　　　(b)

图 5.55　现状墙体整治

(a)墙体(一);(b)墙体(二)

(a)　　　　　　　　　　　　　　(b)

图 5.56　墙体整治处理

(a)墙体整治处理(一);(b)墙体整治处理(二)

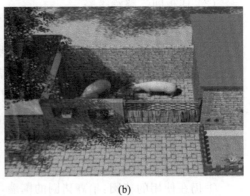

(a)　　　　　　　　　　　　　　(b)

图 5.57　猪圈整治效果

(a)效果(一);(b)效果(二)

2. 道路规划

规划保留村庄现有路网结构,已经硬化的道路保持现状,同时对破损路面进行修复。主路两侧进行人行道路及单侧排水沟设置,剩余宽度进行景观绿化。排水沟宽度 0.6 m。

3. 村庄绿化

1) 村庄公共绿化

利用空闲地、坑塘、街角不利建设用地,建设小游园,绿化以自然植物为主,乔、灌、草相结合。规划要结合现状杨树、法桐,种植其他果树、灌木、花卉,形成季节分明、层次丰富的绿化景观。小游园部分铺砖硬化,设置座椅、健身设施等居民活动设施,为周边居民提供休闲及农业劳动场地,满足日常聚集较多的公共活动空间需求,融休憩、情感交流、健身活动、文化传播和村庄形象展示等多功能于一体,如图 5.58和图 5.59 所示。

2) 村庄周边绿化

周边绿化是塑造村庄的主要景观面。以乔木、果树种植为主,形成房在树中的景观效果。以村庄为中心,四周农田、防护林、果园环绕,村旁形成以道路为线,以农田、生态水岸绿化为片的景观带。

3) 村庄道路绿化

村内主路保留现有乔木,补种灌木和花木;支路上种植小乔木和爬藤植物。根据道路性质,主路绿化采用“乔木＋灌木”的种植模式,植物种植以国槐、杨树、法桐为主。支路宜采用群植或孤植形式,以灌木型绿化为主。道路两侧种植空间较小、界面较为生硬的地段采用爬藤型绿化方式。主路结合现状已有树种对道路两侧绿化环境进行整体改造提升;在建筑与路面之间的闲置空间增加花池与树池,种植时令花卉,

(a)　　　　　　　　　　　　　　　　　(b)

图 5.58　村口景观

(a)外景(一);(b)外景(二)

(a)

(b)

图 5.59 村口景观改造效果

(a)村口景观改造效果(一);(b)村口景观改造效果(二)

并且在树池与花池之间增加休息座凳,为村民提供休憩娱乐的空间;同时在村民门口两侧及道路拐角处种植花灌木。村庄道路绿化情况如图 5.60 所示。

4)宅旁绿化

在宅前屋后的空闲地可种植果蔬等农作物进行宅旁绿化,既能满足村庄绿化需求,又能满足村民日常生活需求。结合宅旁绿地空间狭小的特点,可以合理利用攀缘植物进行垂直绿化,也可以栽植低矮灌木与花卉,推荐萱草、燕尾、大叶黄杨、冬青等植物;将现状巷道路面硬化,提高路面质量(见图 5.61),巷道阳面布置花池,种植时令花卉,采用乔草结合的方式进行绿化。宅旁绿化情况如图 5.62 所示。

5)庭院绿化

对自家房前、屋后、宅旁及屋顶等进行绿化,在房前屋后种植高大乔木,在庭院内种植核桃、杏、石榴等,还可以在空隙处种植花卉,实现经济与观赏双重效益。

4.富民产业发展

依托地方特色,优化产业结构,调整产业布局,确定产业发展模式,制定产业发展规划方案。按照"宜农则农、宜游则游、宜工则工"模式,打造旅游、特色种养、特色工贸和家庭手工业等专业村。

(a)　　　　　　　　　　　　　　　(b)

(c)

图 5.60　村庄道路绿化

(a)道路绿化(一);(b)道路绿化(二);(c)道路绿化(三)

(a)　　　　　　　　　　　　　　　(b)

图 5.61　村庄道路路面整修

(a)路面(一);(b)路面(二)

图 5.62 宅旁绿化现状

(a)外景(一);(b)外景(二);(c)外景(三);(d)外景(四)

第6章　特色小镇社区规划设计

6.1　浙江省杭州市富阳区黄公望村

6.1.1　村庄概况

1. 历史沿革

600多年前,元代著名书画家黄公望(见图6.1)行游至此。当他站在富春江的岸边时,绝佳的山水景色闯入了老人的眼中,并深深地留在了他的心间。他被此地秀美的景色所打动,就此停留,隐居于山水之间,终日奔波于富春江两岸,利用近七年的时间绘制了著名的《富春山居图》,如图6.2所示。由此,元代大书画家黄公望便与此地结下了不解之缘。

图 6.1　黄公望像

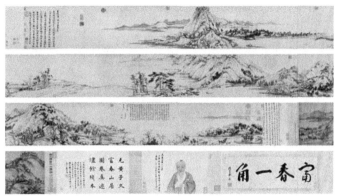

图 6.2　富春山居图

黄公望村,地处浙江省杭州市富阳区。为了纪念元代的书画大家黄公望,2007年原横山村、株林坞村、白鹤村和华墅村四村合并,成立新村子——"黄公望村"。黄公望村文化底蕴深厚,景色优美,于2017年被评为第五届全国文明村镇。

2. 发展现状

黄公望村距富阳区中心 7 km,东与杭州相接,西临国际高尔夫球场,南侧富春江蜿蜒而过,北靠黄公望森林公园,地理位置优越,自然生态环抱,为黄公望村的发展提供了绝佳的条件,如图6.3~图6.5所示。

近年来,为了充分挖掘和利用自身优势,打造生态宜居的农村生活环境,展示独特的文化内涵和人文风貌,黄公望村秉承"规划先行、产业优先、文化并重"的发展理念,打造黄公望风情小镇、文创小镇、金融小镇、红色小镇,先后获海峡两岸交流基地、全国文明村、国内最清洁城市示范点、美丽乡村浙江样板双百村、浙江省 3A 级景区村庄、浙江省农家乐特色示范村、浙江省卫生村等荣誉称号。

图 6.3　黄公望村区位图　　　　　图 6.4　黄公望村局部鸟瞰图

黄公望村充分利用自身独特的地理位置、文化底蕴和生态资源,积极引导和带领村民发展旅游、休闲、餐饮等娱乐产业,统一规划和部署发展第三产业,对原有村庄面貌进行改造,打造文化生态宜居风貌。

(a)　　　　　　　　　　　　　　(b)

图 6.5　黄公望村外部景观

(a)景观(一);(b)景观(二)

6.1.2　空间价值与特点

1. 地理优势

黄公望村所处地理位置十分优越,位于富阳区的东部,市一级公路江滨东大道贯穿村南,与东侧的杭州市及各区直接相通,连接着富阳区和杭州市各区的交通往来,交通的便利性为黄公望村的发展带来了不可多得的优势。在黄公望村的南侧,隔江滨东大道而望的便是风景秀美的富春江。富春江与钱塘江一脉相承,由东向西蜿蜒而行,黄公望金融小镇与云栖小镇、湘湖金融小镇、白马湖创意小镇、玉皇山南基金小镇、滨江科技金融集聚区、望江金融集聚区、西溪谷互联网金融小镇、钱江世纪城、钱江新城、运河财富小镇、金沙湖商务区等并列为十二风情小镇,沿江两侧一同发展,为黄公望村的发展注入强大的活力。黄公望村北侧紧靠的黄公望森林公园,坐落在中国林业科学研究院所属的浙江庙山坞部级自然保护区的庙山坞林区,是一座省级森林公园,如图 6.6 所示。

(a)   (b)

图 6.6 黄公望森林公园
(a)景观(一);(b)景观(二)

黄公望村自东向西由原来的横山村、株林坞村、白鹤村和华墅村等四个原有村落组成,四个村落也各自依据自身不同地理位置特点和生态人文依托而形成不同的规划,如图 6.7 和图 6.8 所示。以山峦起伏、竹林茂盛的黄公望森林公园生态环境和黄公望隐居地等一系列人文底蕴为依托,通过景观打造、生态打造、人文打造而定位为文化创意园区,全力打造生态优良、功能完善、文化彰显、风情浓郁的具有国际水准的特色风情小镇。

图 6.7 黄公望村区位分析图   **图 6.8 黄公望村分区规划图**

2. 生态优势

黄公望村拥有独特的生态优势。富春江(见图 6.9)作为钱塘江的中游,是浙江省风景名胜区的重要组成部分,为黄公望村带来了绝佳的江景。黄公望村周围更是围绕着连绵起伏的山峦,山峦与树林交相辉映。西侧国际高尔夫球场(见图 6.10)与龙井茶园梯田相结合,形成集生态、休闲于一体的独特的人工与自然相结合的景观。北侧犁尖山、焦岩龙、杨梅山与尖山四座山峰共同组成连绵起伏的山峦景观,与富春江一同为黄公望村提供了优美的风景和怡人的生态环境,如图 6.11 所示。

(a)   (b)

图 6.9　富春江景

(a)富春江景(一);(b)富春江景(二)

图 6.10　国际高尔夫球场景观　　　　**图 6.11　黄公望村山体景观**

黄公望村在如此优美的景色包围之中,内部也蕴涵了怡人的生态田园景观,是一处风景优美、生态宜居的世外桃源,如图 6.12 所示。在村内随处可见花草树木,建筑在树丛的掩映下若隐若现,不仅为村内居民带来了环境宜人、生态宜居的生活品质,也成了一处独特的村庄景观。村中茶园(见图 6.13)、果园散布,散发着农村独有的乡土气息和田园景观。公园境内竹林茂密,九坞九湾,面积达 333 hm^2,森林覆盖率高达 96.5%,荟萃了亚热带森林景观、世界一流竹园、黄公望人文史迹遗址、历代知名古塔等景观,为黄公望村的生态发展和旅游产业提供了天然的条件。

3. 人文优势

黄公望,元代著名书画大家,画风雄秀、简逸、明快,对明清山水画影响甚大,为"元四家"(另外三家为吴镇、王蒙、倪瓒)之首。黄公望晚年时行游至此,被富春江两

图 6.12　村内小桥流水

图 6.13　茶园景观

岸山水景色所吸引,便停留结庐于此,终日与山水为伴,观察山中胜景,绘制了闻名中外的《富春山居图》,村子也因此而得名并闻名。

黄公望结庐之地隐秘在富阳区竹林葱郁的庙山坞底,有块平坦之地,周围被密林包围,山峦起伏,于是抬头望天时便豁然开朗,有种别有洞天的感受,故取名为小洞天。据记载,黄公望在此隐居时曾在观音像处下船,然后才步行至其结庐处,虽时间久远,但至今仍能依稀找到一些当时码头的遗迹。据了解,黄公望晚年曾于西湖霄箕泉隐居,而霄箕泉的得名由来、地理位置及历史基本上都是清晰可查的。而在杭州市的富阳区,也出现了一处黄公望晚年隐居地之一的霄箕泉,并被认为就是其当年结庐隐居之处。

6.1.3　保护现状与问题

1. 社区空间结构

黄公望村由原华墅村、白鹤村、株林坞村、横山村四村合并而成,区域面积 9.53 km²。四个村庄由西向东依次而建,但村庄的空间结构并不相同。华墅社区结构为散点式,白鹤社区结构为带状式,株林坞社区、横山社区为现代居住区的规划结构,主要为行列式布置,基本全部为 2~3 层的居民楼,每层建筑面积约 120 m²。黄公望村主要是稳定性的农村社区布局模式,以村内原有居民为人口基础,人口流动性不大,业态相对稳定,以茶园及果园为产业基础,以生态宜居为特色发展旅游业,打造绿色生态、人文景观村落,吸引外来企业进驻,如图 6.14 和图 6.15 所示。

黄公望村为提高村庄的开放程度,向游客展现真实的农家生活氛围,打造质朴的农家生活气息,将居民围墙全部拆除,形成开阔的空间视线景观,丰富了村庄的生活景观环境。

2. 社区空间规划

黄公望村为打造风情小镇(见图 6.16),对村庄社区建筑进行立面改造,采用两种配色方案,一种为米黄色(真石漆或者干挂石材),另一种为白砖褐瓦。村民可自主从两种方案中选取一种,作为自家建筑的立面改造指导,从而形成大体风格一致,却

图 6.14 村庄内部环境

图 6.15 农家乐内部环境

又各有不同的独特农村建筑景观,不致形成千篇一律的改造效果,如图 6.17 所示。

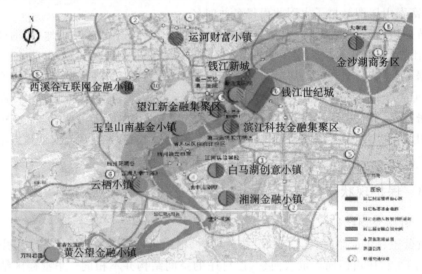

图 6.16 风情小镇规划图

　　在功能布局上,黄公望村将下属的四个自然社区分成六个区块进行网格化管理,其中华墅社区和白鹤社区均划分为两个区块,株林坞社区和横山社区各为一个区块。华墅为开发的核心区块,功能定位为金融小镇,即将建成全国金融研修院。白鹤社区为启动区块,功能定位为文化创意园区。株林坞社区和横山社区重新规划开发地带,主要进行房屋租赁等商业活动。

　　3. 道路交通体系

　　黄公望村的道路脉络清晰。华墅社区除周围环村公路为新建道路,其余道路和白鹤社区道路均是在既有道路的基础上进行修缮、加固、拓宽、打通等,如原 3 m 道路拓宽为 4.6 m 道路,为原有的混合式道路结构;株林坞社区和横山社区道路均为重新规划,基本呈横平竖直的网格式结构。

(a) (b)

图 6.17　黄公望村民居

(a)民居(一);(b)民居(二)

黄公望村的道路属于新旧道路结合布置,充分利用自然地形,在旧的道路网基础上重新进行道路规划,增设新的道路,提高村庄可达性。村庄进行暗排水设计,提高村庄服务便利性,增强生活舒适度。在满足通风和采光要求的同时,也为各种基础设施的布置创造了有利条件。在黄公望村内部基本没有等级比较高的公路,只用于村内居民和游客通行使用,在村镇的边缘处设置等级比较高的江滨东大道。

4. 建筑体系

黄公望村建筑基本保留了村内原有民居,只在原有建筑基础上进行立面改造。为保留原有村落的院落空间,规划保证两栋居民楼之间的间距为 15 m,新规划居民院落结构基本沿中心轴线对称,呈长方形布置。

该地区土质较好,极少发生自然灾害,村内设置有灾害集中安置点,并封山 20 年,退耕还林。对于原先不符合消防要求的道路、建筑间距等,通过加宽道路等方法使其满足要求。

5. 景观体系

黄公望村进行规划时,充分尊重村镇原有的地形地貌,基本不破坏山区,保留原有的山体景观,以《富春山居图》为指导,不破坏原生态场地,以自然为依托,形成独特的景观体系。

在植被保护规划方面,黄公望村基本利用村镇既有的植被树木,对其进行全面保护。但在株林坞社区和横山社区,原有的村镇结构基本全部拆除,这两个社区内的植被树木也于 2011 年重新进行了规划。

村民广场作为村镇的公共活动空间,可供村民娱乐、休闲、聚会使用。黄公望村在公共空间规划时,在每个社区都设置了集中的村民广场,休闲场地、活动场地、景观场地、展览场地分散布置,辐射半径覆盖整个村镇,不仅为居民提供了活动和交流的空间,也提高了居民生活的舒适度和满意度,如图 6.18 和图 6.19 所示。

图 6.18　盆景园景观　　　　　　　　图 6.19　村庄文化广场

　　为提升村镇整体景观效果,在规划时对景观进行了统一配置,针对不同空间做出不同的空间景观设计,做到一户一景、户移景异的效果。在住宅建筑周围,由村民自主协调建设住宅周围景观,在统一规划的基础上做到户户不同,而又交相辉映。通过统一规划村镇内部树木、小品等设施,村镇社区绿化率已达到85%,真正做到绿色生态、环保宜居。

6. 基础设施配套

　　在管线规划方面,所有给排水、电气、燃气、通信管线全部入地规划,污水管道由市政管网集中统一规划处理。村镇内采用山泉供水和市政供水相结合的方式,村民可以自由选择使用。村内互联网、供电、燃气及通信100%全覆盖。管线规划如图6.20所示。

　　在教育规划方面,村内未设置中小学,教育资源主要依托东洲街道中小学,距离为2~3 min车程。社区内有农村社区卫生院,村民进行定期体检,农村医疗保险覆盖率约为60%,农村社会养老保险覆盖率约为40%。至于商业购物,村内设置有北京首创奥特莱斯购物商场。同时,为方便村民运动娱乐,村内设置篮球场和网球场。

　　在环保节能方面,村内实行垃圾分类回收制度,将生活垃圾等移至村头,统一由区政府处理。在株林坞社区和横山社区内设置有光伏发电站,能满足居民的基本生活用电需求,部分地区采用太阳能为路灯供电。加大绿地覆盖率,禁止秸秆焚烧。

　　村内基础设施配套如图 6.21 所示。

6.1.4　规划策略与方向

　　黄公望村在明确了风情小镇建设范围的基础上,从总体规划入手,积极打造具有国际水准的特色风情小镇。以生态优良、功能完善、文化彰显、风情浓郁为目标,完善高尔夫球场、度假村等项目建设,提高生态生活水平,做大村庄品牌影响。

　　为打造黄公望村新型经济空间,提升村民生活质量和生活水平,黄公望村发展新的经济业态,实行新的公共经济组织方式,发挥村镇新的再生活力。以村镇良好的自

图 6.20　管线规划

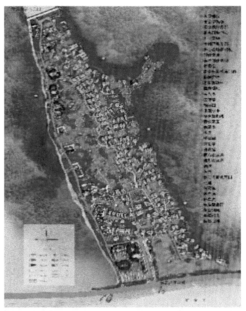

图 6.21　基础设施配套

然生态景观和文化底蕴为基础,大力发展旅游产业,以旅游文化为主题,发展乡村民宿经济,统一村镇房屋建设,发展新型乡村旅游经济。以茶园、果园为特色农业,发挥本土优势,发展新型农业经济,为外来游客提供自己动手采摘果茶的机会,打造特色农业生态活动,发展农民文化创意产业。

　　为提升村镇功能完善、风情浓郁的风情小镇水平,创造新环境空间,打造村镇机能美、视觉美、自然美、社会美、精神美等多方面特色,从村镇基础设计与服务设施建设入手,提升村镇服务质量,利用金融小镇工程建设的有利机会,提升黄公望村对外整体形象,建立基础设施与服务设施长效保障,把村镇打造成一个宜居宜业的田园式乡村。完善村镇环境营造,绿化村庄环境设计,建设村镇公园和健身场所,营造一个健康、舒适的生活环境。同时,打造风景独特的田园风光,实行生态环境修复工作,对村镇道路、河道进行清理,保证村庄的卫生环境美丽整洁,彰显特色乡村环境风貌。实行农村公益计划,开展村史教育、素质教育、义务劳动、缅怀先烈、交流心得等一系列活动,帮助村民树立正确的人生观、价值观、世界观。村庄规划真正做到安居乐业、生态宜居,服务于民、便利于民,如图 6.22～图 6.25 所示。

　　完善村庄新型治理空间,加强村庄治理工作,制定多元化参与机制,采取网络化管理,开展群防群治工作,吸纳城市人口、特色人才进入农村社区。提高社区服务中心治理能力,建立农村社区枢纽型社会组织,实行农村社区服务中心活化机制,建立村综治中心,培养农村社区工作者专业化、职业化发展,提高村民生活满意度与舒适度。

　　黄公望村作为文化底蕴深厚的特色村镇,建立了长效运行保障机制,建立农村文

图 6.22　黄公望村农家乐标识

图 6.23　村口处黄公望像

图 6.24　村庄内活动广场

图 6.25　村庄内小桥流水景观

化和礼堂优化机制,加强文化传承与品牌建设,宣传村庄故事,打造特色文化品牌,开展特色农家乐活动,通过保护生态、整治村庄、美化庭院、拓展旅游、提升产业等方法,全力打造生态优良、功能完善、文化彰显、风情浓郁的特色风情小镇,提高村民文化参与性,加强文化柔性治理。

6.2　北京市密云区古北水镇

6.2.1　村庄概况

古北水镇坐落在司马台长城脚下,位于北京市密云区古北口镇。《密云县志》上描述古北口"京师北控边塞,顺天所属以松亭、古北口、居庸三关为总要,而古北为尤冲",自古以来,古北口便以雄险著称,军事地理位置优越。无数文人雅士被古北口独特的军事文化吸引,诸多文辞大家在此留下名文佳句,并以"地扼襟喉趋溯漠,天留锁钥枕雄关"来称颂它地势的险峻与重要。

古北水镇以司马台遗留的历史文化为依托,进行深度发掘,面积约 9 km² 的度假区整体规划为"六区三谷",分别为老营区、水街风情区、民国营区、卧龙堡民俗文化区、汤河古寨区、民宿餐饮区与后川禅谷、伊甸谷、云峰翠谷。古北水镇包含观光旅游、休闲度假、商务会展、创意文化等旅游业态，服务设施较好，景区内各景点的参与性与体验性较高。古北水镇鸟瞰如图6.26所示。

图 6.26　古北水镇鸟瞰

6.2.2　空间价值与特点

1. 水体特点

司马台水库和小汤河为古北水镇提供了水源。司马台水库由恒温温泉和冷泉汇集而成，终年不结冰，为古北水镇提供了水源保障。另外将小汤河的水引入古北水镇中，形成江南水街的风景，这是古北水镇规划的重点。

古北水镇的水景规划可以分为两部分，分别是河道水景观治理和水环境治理规划。水景规划主要包括原有河道的整理和次河道开挖，以及相应的景观建设。根据地形高差，小汤河被司马台水库大坝分为了三段，并分建了跌水大坝，改变了小汤河的水面标高面，使其位于三个不同标高面上；适当拓宽了小汤河的水面，由此形成了蜿蜒曲折的河流形态。水环境治理规划方面，运用了多种驳岸形式，自然与人工驳岸相结合，种植了园林植物，形成了多样化的滨河景观。在小汤河两侧，借助原有地形挖填形成了次河道，与小汤河主河道平行，形成了古北水镇的水体布局。

水景多是柔美的，主要源于水流的灵动、水面的多样和水的可触性。江南水景的柔美，在于水系环绕房前屋后，与人们生活密切相关，具有观赏性和可用性。古北水镇的水景仿照江南水景，共分为两类，一类是主干河流，以小汤河为代表，可游船可观赏，为大体量水景；另一类主要强调多样性与可触性，多与临街商业结合，是小体量水景。

　　河道整理后,小汤河的水面得以拓宽扩大,河道中游船往来不绝,河道驳岸多为硬质铺装,仿照南方形式。不同于南方水系的精致秀美,古北水镇的河道较宽,体现了北方水景的大气。在空间尺度方面,构成水景的主要要素,如河道、码头及亲水平台等,其尺度较为合适,游人既可在休憩时观赏大水面,又可在亲水平台处嬉戏,或在船头伫立,领略水景风光。体现"小桥流水人家"的水街主要位于古北水镇的水街风情区和汤河古寨区。水街风情区参考传统江南临水而居的屋舍形式,房前屋后建河埠,江南韵味十足。古北水镇的水景结合了商业和周边景点,更加多样化,如镇远镖局旁水溪、浅山茶馆前流水及龙凤温泉等,与周围环境互相映衬,相得益彰。古北水镇水景如图6.27所示。

图 6.27　古北水镇水景

(a)古北水镇水景(一);(b)古北水镇水景(二);(c)古北水镇水景(三);(d)古北水镇水景(四)

2. 院落特点

　　餐饮商业这类建筑的院落空间通常作为人流集散的活动空间,不同层次和来自不同疏散出入口的人群在这种院落空间集中和分散,所以这类院落空间较传统民居的尺度大得多,如图6.28所示。

　　古北水镇的餐饮商业功能院落,在保持传统院落空间的布局上,适当调整了临街面建筑的尺度。一般传统院落临街为倒座房或厢房,规格尺度受家族等级制度影响,

(a) (b)

(c) (d)

图 6.28　古北水镇院落景观

(a)古北水镇院落景观(一);(b)古北水镇院落景观(二);(c)古北水镇院落景观(三);(d)古北水镇院落景观(四)

高度和面积均较小,多为仆人居住,且一般不开窗。而现代化的建筑设计中,临街面建筑却有最大的商业价值。

院落空间的具体组织有下列特点。

①院落空间的布局为不规则形式,两处中心庭院围合的空间明确划分了餐饮与厨余功能。

②东西两侧房屋为原厢房位置,现与正房连通,整体作为餐饮接待区域,面积扩大,并增设团体用餐区域。设置对外大面积开窗开门,打破传统院落空间的私密性。

③西侧中心院落改变原有民居活动空场功能,将农业堆场改为室外用餐区域,增设景观小品,在增加餐厅的趣味性的同时,尽可能地引起用餐游客的共鸣。

④院落空间组织打破原传统院落空间的轴向秩序,按用餐、厨余货运及工作出入等需求重新规划流线,增设多处出入口。

3. 植物配置

水镇的空间格局塑造了景观绿化的小尺度特点。古北水镇正处在密云县三面环山的地形态势所构成的山谷之中,水镇周边自然环境优越,景色优美。

古北水镇周边山体绿植形成古镇全景中的绿色环境。其中体量较大的杨树林在规划中较好地保留了下来,其繁茂的生长形态构成了古镇壮丽的景观。杨树、柳树和槐树等是古北水镇常见的树种,大多以孤植的方式种植。古北水镇的街道与水系沿岸由于空间的限制,植物配置整体较弱,搭配不合理,乔、灌、草植物的丰富度十分缺乏,尤其可塑性很强的河岸缺乏滨水植物,导致景观特色不突出,植物景观的整体效果有很大提升空间。

古北水镇滨水空间的约束形成了滨水植物少、精、俏的特点。由于古北水镇的河岸大都为硬质,偶尔有小块绿地,因此滨水植物数量和种类较缺乏,水生植物也较少。沿河会看到数量有限的桃树、迎春、锦带花等开花植物,这体现了"少"的特点。"精"主要体现在水景的精致,初春时节,河岸偶尔出现一丛迎春,柔美的姿态遮掩连接部分,并能够柔化硬质岸线,缓解了审美疲劳,也起到了点睛的作用。"俏"则体现在滨水植物独特的生长方式,乔木点缀着滨水岸线的小块绿地,滨水草本植物嵌生在河岸中,藤本植物攀爬在河边建筑及小品上,均展现了俏的特点。

古北水镇的庭院植物造景,透出苏州园林植物配置的韵味,植物数量不多,却十分得当,如图 6.29 所示。水镇的小尺度庭院中,两三株乔木或三四丛植被显得体量适宜,既不繁复,又可衬托庭院的古朴淳厚,如图 6.30 所示。但与江南水乡触目皆为青山绿水相比,古北水镇的植物略显稀少,尤其是建筑周边难以见到高大乔木,单株植物周围缺乏相应配植,灌木层缺乏,地被植物参差不齐,杂草丛生。

图 6.29　小镇植物墙　　　　　　　图 6.30　院落内单棵树木

4. 气候特点

春季冰雪开始消融,水面开始漾起一圈圈波纹,柳条开始吐出新芽;风乍起,吹皱一池春水。夏季万物蓬勃,正是生长的季节,夏日的夜晚清凉如水,于树荫下纳凉听戏,夜空浩瀚无穷,群星闪烁,庭院中细数星光,小镇闪烁的灯光与星光朦胧交织。秋季漫山红遍,层林尽染,爬满山墙的红叶点缀的小镇格外美丽,新出的红叶与古老的建筑碰撞出全新的秋季协奏曲,映衬着碧水长城,别是一番风情,如图 6.31 所示。冬季银装素裹,白雪皑皑,小镇在一片茫茫白雪之中高雅素洁,格外静谧,北国风光尽收眼底,如图 6.32 所示。

图 6.31　古北水镇秋景　　　　　　　图 6.32　古北水镇雪景

6.2.3　保护现状与问题

1. 业态规划

业态规划方面,古北水镇包含了文化展示区、特色住宿、商务会议和日常生活配套。文化展示区主要介绍关于北方酿酒、染坊等传统工艺,以及打造各类演艺区和演出场馆。特色住宿包含 400 余间民宿,主要有星级酒店、精品酒店。商务会议部分预计建成两个大型会议中心。日常生活配套包含人们生活起居必需的功能场所,如银行、邮局、菜场、综合超市、药店、诊所等。

2. 核心优势

古北水镇的开发借鉴了乌镇模式,整合产权开发,运营方式多元化,景区配套能够承担度假与商务等多种功能,观光与休闲度假并重,是高品质的文化类、综合类的复合运营模式。依"乌镇模式"而建的古北水镇主要有以下明显优势。

1) 产权和社区优势

古北水镇吸取了乌镇的建设经验,在产权经营方面,将原住居民全部迁出,景区内除了游客之外都是工作人员,这样的社区重构解决了古北水镇开发中原住居民与游客之间的矛盾,居民的身份变为了旅游公司的雇员,在旅游公司的统一管理下,承租景区公司的房屋进行经营,与游客之间是服务关系。颠覆式的社区重构,给游客带来了极佳的旅游体验。

2) 规划和产品优势

在基础设施建设方面,古北水镇的地下管道直径达到了 2 m,这在北京城也是绝无仅有的。外部整治方面,古北水镇不仅注重修复单体建筑,更注重街区整体风貌的打造,维护原有建筑肌理。内部改造方面,改善了居住条件,对历史建筑内部空间进行了重构,重新分割室内空间,安装现代厨卫设备,使得一些古建筑更加适合现代人居住。

3. 基建成就

古北水镇在基础设施的建设中以近项目总投入的三分之一用于生态环保建设，投入资金与规模在国内度假区首屈一指。"真正的旅游应该是人和自然环境历史的和谐"。古水北镇还投资建造了高品质的自来水厂（达到欧盟标准，可以直接饮用）（见图 6.33）、污水（中水）处理厂（见图 6.34）；新增改造了各种高压、低压线路；打造应用生物质环保煤的集中供暖中心、液化气站；增加了大量的绿化面积；疏浚拓宽度假区内河道，保持水系流畅。

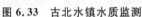

图 6.33　古北水镇水质监测　　　　图 6.34　古北水镇污水处理厂

6.2.4　开发优势借鉴

1. 功能定位

古北水镇在规划中，通过景区和度假区相结合的功能定位，弥补了景区功能缺失，打造综合性特色休闲旅游度假目的地。古北水镇在吸引游客的同时，也拉动了景区经济的增长，实现了环境资源保护和基础设施开发的并行。

2. 经营和管理

开发前期获得政府有力支持，并运用专业化团队运作，保留原有建筑风貌，并全部买断进行改造，同时充分考虑北方季节性因素的影响，平衡淡旺季游客。

3. 资金保障

前期引入多方战略投资者，同时联合品牌房企进行旅游开发经营的资金平衡，并承载部分游客住宿功能。

4. 利益保障

进行了社区重构，将原住居民全部迁出，借助新农村开发政策，使村民获得较高的拆迁补偿收益及舒适的安置房。为解决原住居民就业，聘请高素质工作人员保证服务质量，原住居民可通过培训成为工作人员，这样的社区重构使得一般古镇开发中的居民与游客的矛盾不复存在。

6.3　江苏省南京市六合区竹镇金磁村

6.3.1　村庄概况

在六合区的西北部,有一方美丽而历史悠久的土地,是南京的"革命老区",这里生态环境宜人、山清水秀,民俗风情令人难忘。这个地方就是苏皖边界的一个小山村——南京市六合区竹镇金磁村,其景色如图 6.35 所示。

(a)　　　　　　　　　　　　　(b)

(c)　　　　　　　　　　　　　(d)

图 6.35　金磁村周边景色

(a)景色(一);(b)景色(二);(c)景色(三);(d)景色(四)

金磁村距离竹镇镇中心 7 km,位于竹镇西南部,两面与安徽来安接壤,北与烟墩村接壤,东与宝贡村接壤,村内环境优美,物种丰富,茂盛的山林和十多座塘坝、水库构成了生态宜居的环境,是名副其实的天然氧吧。全村面积 21000 亩,土地承包面积 15800 多亩。

6.3.2　发展策略

得天独厚的自然资源和生态环境,吸引了江苏大展农业开发有限公司、江苏省农业科学院、伊利公司、永鸿公司、卫竹公司、众达公司等六大农业龙头企业落户金磁村,以农民增收、农业增效、环境优美为突破口,使广大村民走上生活富裕、生产发展、生态良好之路,发展农业特色品牌产品,全面推进现代化农业进程。

按照生活宽裕、生产发展、村容整洁、乡风文明、管理民主的社会主义新农村建设总体要求,金磁村实施了"三清、两整、一提升"等工程,开展了以"六整治、六提升"为重要内容的农村环境综合整治工作,农民集中安置居住在金磁家园小区,设施配套和功能都很齐全。

近年来,金磁村严格按照省、市、区、镇各级的要求,并结合全村实际,调整产业结构,大力发展绿色、无公害食品,走生态农业发展之路,2005年随着江苏省农业科学院的现代循环农业科技示范园的相关批示,畜禽科技养殖中心落户金磁村,金磁村抓住这个良好机遇,拆迁农户474户搬迁至金磁家园小区集中居住,从而大大改善了村民的人居环境。此后,2009年江苏大展农业开发有限公司落户金磁村,开发黄玉梨项目,流转土地1 000多亩,建成出口欧盟的有机果品基地。近年来江苏省"万顷良田建设工程"正在金磁村有力推进,村民拆迁至金磁家园小区,该小区建成为设施配套齐全、功能完备的现代化新农村小区。同时实现所有农户住进现代化小区,过上生活便利、设施齐全的幸福生活,住上宽敞明亮的楼房。农民集中居住后,成立专业合作社,统一进行土地流转,土地集中到少数人手里,原来一家一户的小农经济被彻底打破,而从土地上解放出来的农民成为新时期的工人,既有工资收入,又有土地的租金收入作为生活保障,收入显著提高了,生活质量也得到很大的改善。金磁村人民正在大踏步向小康迈进。

6.3.3　规划现状

金磁村周围林地万亩,四境环山,山幽林静,草木茂密,别具一番景致,清澈见底的小河在静静地流淌,公路似玉带般连绵延伸,缕缕人间烟火气飘荡在自然怀抱里,粉砖黛瓦的农家小屋错落有致,如图6.36所示。

然而,2009年的金磁村还是名副其实的"穷旮旯",人均年收入不足7 000元,全村约87%的青壮年劳动力长期在外打工,不少农民休耕或转包土地,金磁村成了名副其实的"空心村"。人口的流失,使金磁村缺少了主要的劳动力,也失去了原本该有的生气。但是金磁村景色优美,环境优良,这也是其发展的契机。

2009年9月,六合区在全省率先实施土地综合整治试点,竹镇成为南京第一个"吃螃蟹"的镇。从简陋的茅屋到漂亮的洋楼,从难行的坑洼路到安全便捷的硬化路,从辛苦的挑水到便捷的自来水,从落后的蜡烛到电灯的普及,从辛苦的肩挑背驮到效率加倍的车辆运输,从贫穷走向富裕,村民的生活越来越好,这都得益于政府的政策和发展的机遇,加上金磁村得天独厚的环境优势和村民的勤奋、肯吃苦的精神,金磁村集齐了天时、地利、人和,因此这个小村庄发生了翻天覆地的变化,如图6.37~图6.40所示。

(a)

(b)

(c)

图 6.36 金磁村外景

(a)外景(一);(b)外景(二);(c)外景(三)

图 6.37 更新改造前金磁村鸟瞰

图 6.38 更新改造后金磁村鸟瞰

图 6.39　土地整治之前的金磁村　　　　图 6.40　土地综合整治后新建安置房

第7章 历史村镇社区规划设计

7.1 陕西省榆林市米脂县杨家沟村扶风寨

7.1.1 革命圣地的历史价值

陕北米脂是黄河文明的重要发祥地之一,因"地有流金河,沃壤宜粟,米汁如脂"而得名。然而陕北地处黄土高原,千沟万壑,地形复杂。

1947年12月,毛泽东同志在杨家沟村作了题为《目前形势和我们的任务》的重要报告,该报告成为建立新民主主义中国的纲领性文件,杨家沟村成为陕甘宁边区政府转战延安时期的总指挥部所在地,也是中央机关离开陕北走向全国胜利的出发点。杨家沟村作为一处载入史册的革命圣地型山村,在中国革命历史上具有较高的地位。杨家沟革命纪念馆如图7.1所示。

(a)   (b)

图7.1 杨家沟革命纪念馆

(a)内景;(b)外景

7.1.2 保护规划现状

杨家沟革命纪念馆于1978年成立并对外开放,是全国重点文物保护单位。它不仅是爱国主义教育基地,更是红色旅游胜地。作为以博物馆形式完好保存的建筑群,杨家沟村的保护重点放在了毛主席旧居、十二月会议会址、马家讲堂和马家祠堂四处。以西方石尖券与陕北窑洞珠联璧合的建筑形式,突出反映了马氏庄园中西结合、陈设考究、工艺精湛的特征,具有高度的历史、科学价值和独特的艺术价值,堪称陕北高原的建筑精品,如图 7.2 所示。

(a)　　　　　　　　　　　　　　　　(b)

图 7.2　杨家沟革命纪念馆风貌鸟瞰

(a)外景(一);(b)外景(二)

　　米脂县属于典型的黄土高原丘陵沟壑区,扶风寨是窑洞建筑的典范,如图 7.3 所示。新院落对面九个龙脊梯田,含暗九龙,从沟底到屋顶平台大约 130 m,蔚为壮观。实际上,扶风寨西对观山梁,北靠水燕沟,东临阳山,南接崖沟,建在洞水绕合、三山环围之中,地形十分隐蔽,在战略上易守难攻。由于整个村落藏在半开敞的山体中间,山侧翼呈现了半遮掩的特征,是便于防御的院落建造宝地。顺着以石拱形式箍成的寨洞,沿上书"扶风寨"的寨台阶而上,扶风寨讲堂、大型住宅、宗祠、井窑和戏台等逐一展现在世人眼前,却十分隐蔽。这是因为窑洞山地建筑群的显著特征是平台与顺着等高线形成的村落道路结合。下层的窑顶就是上一层的平台和通道,山坡预先处理成若干台地,台高约等于建筑层高,然后在台地上建造房屋,上层的建筑有时就建在下面建筑及上层台地上,努力向空间发展,合理地扩大了建筑面积。过去窑洞屋顶平台是打谷场,也是因劳动而团聚的公共空间。在外观上,窑洞与土崖浑然一体,建筑掩映在黄土高原中,村落空间异常开阔。

　　植被始终是山地景物的重要因素,树木是植被的重要构成部分。榆树、柳树和槐树是扶风寨的主要树种,它们三两棵一簇地形成黄土高原难得的阴凉景观,并丰富了略显单调的窑洞色彩。整个聚落的中心、几条道路的交汇点是一口井,井成为水的代名词,同时很容易成为村落生活的核心。

　　安全防御、有水源永远是黄土高原聚落最基本的追求。扶风寨内部通道完全与排水路线重合,一方面体现了水对于黄土高原的重要性,另一方面也与山脊的走向呼应。一般认为,缺水、干涸是陕北的主要问题,而不是防雨。但并不尽然,米脂县全年降雨分布很不均匀,到了每年 7—9 月份,有时暴雨如注,来势凶猛,一场雨至少持续一个小时。虽然村落选址要尽量选择在历史上最高洪水水位的上线,但由于土地疏松,缺乏黏结力,很容易造成滑坡、断裂和坍塌。因此,村落布局(见图 7.4)特别注意排涝,不仅利于村落生活,还尽可能减少了房屋坍塌、村毁人亡的危险,扶风寨的排水系统值得研究。

(a) (b)

图 7.3 扶风寨建筑

(a)外景(一);(b)外景(二)

(a) (b)

图 7.4 扶风寨村落布局

(a)外景(一);(b)外景(二)

明沟排水省工,容易管理,是村落规划的首选。通向寨门的道路两侧没有排水大沟,而是将道路表面全部用石片做成凹形,雨水顺势跌落,公共道路就是主要的明沟排水地段。一般石涵洞更容易抵御塌方的危险,扶风寨寨门就是一处上下交通的立体涵洞系统,涵洞的造型使得寨门不仅便于防御,更容易抵御洪水袭击,它是整个排水系统最容易分辨的部分,也是终端之一,逢小雨不泥泞,遇大雨不怕水。如果在村内观察,会发现很多暗沟、出水口、涵洞、石壁凹槽等依山而凿,雨水全部入了地,走暗流,极大地减缓了地面明沟排水的压力。具体采取的方法是沿石铺路面将雨水引入排水口,尽量隐蔽,避免人为和牲畜的损毁。水由排水口跌落进涝池,就是在低洼处挖一个大坑,收取多余的雨水,多年以后涝池干涸了可能要淘一次河泥,而河泥是不错的肥料。雨水顺暗沟流经寨墙表面的凹槽,再经过两个涝池的蓄水,最后与扶风寨隔壁"上骥村"的排水一起,汇聚到村口最大的、足有半人高的半拱形石涵洞中,经过一支名为"小沟河"的溪流进入无定河。这一排水系统完全根据地形而建,出于实用和安全的考虑，砌筑石料完整且质量上乘，地点隐蔽，避免损毁。在旅游开发的过程中，人们通过机械设备提放，复原了部分排水系统，遗憾的是，具体的排水脉络由于破坏严重而无法一一识别。但扶风寨的排水、防御和交通体系三位一体是生活化的，具有很强的实用性，至今使用如常。它利用黄土高原的山坡与洼地合理规划，民居既不占耕地，又能防止水土流失，是自然与建筑交相辉映，节省乡村土地的居住范例。

黄土高原环境变化悬殊，早晚温差大，窑洞使用的石材和夯土热惰性很好，为人们躲避酷暑、抵御寒冷创造了条件。米脂人建窑讲究的"明五暗四六厢窑"（见图7.5）是指正面有窑五口，作为家庭长辈的起居用房屋；两旁是各带暗天井院落的小窑洞，作为厨房和储藏室；前院两侧还各有三口厢窑，作为客人留宿的客房、管家房、晚辈居住用房等。一般五口正窑形成了连续拱券，侧面推力就需要两边至少建一座跨距短、高度低的小窑进行平衡，至于是一口、两口还是三口窑洞，则根据主人的生活要求而定。这种窑洞格局不仅与生活功能动静分区有关，还与长期形成的建筑力学原理吻合。

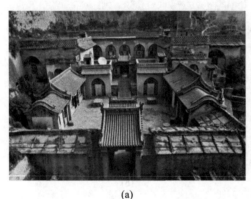 

(a)　　　　　　　　　　　　　　(b)

图 7.5　明五暗四六厢窑
(a)外景(一)；(b)外景(二)

米脂县以无定河为分水岭，地势总体东西、东南高，中间低，扶风寨的窑洞院落入口为砖木结构硬山式建筑，朝向为东南，以利于从高处接风水。如果从等级上来划分，建在高圪台上，拥有厦檐柱廊的明五暗四六厢窑是较高等级的窑洞建筑。高圪台即正窑前防止雨水浸入的高台，一般三到五阶不等，窑沿上还要接出檐头，修有走廊，称为出厦。出厦走廊的支柱即厦檐柱廊，是人们户外活动的空间。高圪台上十柱穿廊，柱头有雕花，下有犹如花篮的石柱础，木柱很细，支撑厦檐。除了高圪台、厦檐明柱、明五暗四六厢窑，装饰与用料的讲究程度无疑也是建筑等级的重要标志。扶风寨中的德寿轩正入口八字洞开，门前利用照壁躲避冲沟的不利风水，门头浮雕木饰寿字牡丹图案并施彩绘，台阶高八级，气宇轩昂。院正堂明五间，每间尺寸 3 m×8 m，其中有一间采用套间。窗户为大面积的木格子窗户，几乎每个花窗都不同，体现了历代添加和修补的叠痕。黄土高原的窗户不用玻璃，而是采用一种麻纸，纸比玻璃更透气,防止冬天烧火炕而不小心引起的煤烟中毒。院中有石碾、石磨和三两棵槐树,是一座门廊华丽,但内部充满农味的院落。檐下有明沟直接与户外石板路排水系统相通。

7.1.3　杨家沟村的聚落价值

杨家沟村不仅在历史上赫赫有名,而且不存在新建筑与旧建筑的风格冲突等问题,毛泽东主席等名人故居、十二月会议旧址、马家讲堂、马家祠堂被划定在保护范围内,受到杨家沟革命旧址抢救性维修,当属一处国家财产与村落生活相结合的遗产保护案例。值得关注的是,米脂县的乡土建筑及其充满地域性设计精华的村落布局还远未被人所认识,甚至处于"养在深闺人未识"的境地,如姜氏庄园(见图7.6)。杨家沟村以扶风寨为代表的聚落环境却不同,除大量的红色遗迹外,扶风寨是促进生态平衡、增加植被面积、择地选址并善于改变居住环境的人居范例,它出色的隐蔽与防御系统科学价值并不低于堡寨。

由于用地、能源和建筑材料的紧张,环境恶化等问题,加上我们国家的经济水平比较低,很多历史条件优越的窑洞需要发展,其使用价值、科学规划价值、建筑技艺价值值得弘扬,其科学、有效的规划方法,整体展现在聚落单元中,与博物馆保存相比,尤其需要我们关注。文化遗产没有得到充分利用与正确表达,也不利于杨家沟村的遗产保护,甚至难以发挥更大的社会、经济与文化效益。扶风寨窑洞空关和破败情况严重,如果我们的保护和研究视野放得更大一些,将十二月会议旧址的保护纳入扶风寨整体保护与发展层面,让公众多层面、多角度地认识乡土聚落,杨家沟村扶风寨的日常使用、科学研究、休闲游览、红色教育价值无疑会成倍增强。

(a)　　　　　　　　　　　　　　　(b)

图 7.6　姜氏庄园

(a)外景(一);(b)外景(二)

7.2　浙江省嘉兴市桐乡市乌镇

7.2.1　发展概况与简史

　　乌镇位于浙江省嘉兴市桐乡市北端,西临湖州市,北界江苏省苏州市吴江区,为二省三市交界之处,曾用名乌墩、青墩。乌镇近郊的谭家湾古文化遗址考证表明,大约在 7000 年前,乌镇的先民就在这一带繁衍生息了。乌镇拥有 1300 多年的建镇史,是典型的江南水乡古镇,素有"鱼米之乡、丝绸之府"的美誉,如图 7.7 所示。

图 7.7　乌镇鸟瞰图

　　乌镇原以"市河"为界,河西为乌镇,河东为青镇。1949 年,河西的乌镇才归桐乡市管辖,两地合称"乌镇"。市河就成为乌镇东西两侧的天然分界线,河西为乌镇西栅景区,河东为乌镇东栅景区。

　　1991 年,乌镇被评为省级历史文化名城,但并未进行古镇保护开发工程。1999年之前,乌镇还是"零知名度、零游客"的江南古镇,如同千年水墨长卷一般的古朴秀美不为外人所知,镇上民居常使用而少维护,虽有古镇韵致,却缺乏了一丝江南印象里的精致,而与乌镇相似的其他江南水乡古镇,如同里、西塘等,都已有了 5～10 年的开发时间,美名远扬。

　　1999 年,乌镇古镇保护开发工程拉开序幕。首先进行了东栅老街的修复,东栅老街以风貌整治为主,在业态上则以引入历史文化、名人文化为切入点;2003 年,保护开发工程开始了西栅老街的整治,与东栅老街整治沿街风貌的做法相异,西栅老街的开发被定位为"历史街区的再利用",打造一个休闲度假的古镇,使古镇不仅"看得见",而且"住得下"。

2010 年 4 月,乌镇景区被正式授予国家 5A 级景区荣誉;2013 年起,"乌镇戏剧节"开始举办,此后每年一届;2014 年,乌镇被定为世界互联网大会永久会址。

7.2.2　空间价值与特点

1. 总体布局

乌镇总体布局呈十字形。市河将乌镇一分为四,河东、河西、河南、河北分别是东栅、西栅、南栅、北栅,连接四部分的中心区域称为中市,乌镇十字形格局的历史演变如图 7.8 所示。因此乌镇的总体布局也就呈现了以水为轴,线性发展的态势。乌镇的主要建筑大都沿水面展开,不时划过船夫咿呀吟唱的乌篷船,与行走在岸上的人交织在一起,宛若一幅徐徐展开的水墨长卷。

为了生活之便,建筑首先沿河道两岸生成并发展,逐渐向两侧展开,房屋与街巷以河为轴逐渐延伸,巷弄与道路网也就随之形成并得以发展。

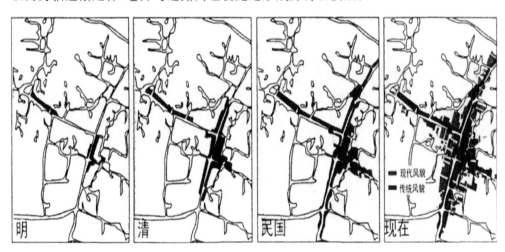

图 7.8　乌镇十字形格局的历史演变

2. 水体特点

乌镇地处水网密布的江南水乡,河道与水体是乌镇肌理中很重要的一部分。乌镇建筑大多依附水系展开,由此可将河道与水体视为撑起乌镇整体布局的骨架,水系也在建筑这些不可动对象的中间添加了很多灵动因素。河道多依据水体的自然形态而建,因此曲折多变,宽窄不一,其形态也决定了古镇的总体格局、街道和建筑的走向。乌镇水系如图 7.9 所示。

在乌镇的总体版图中,乌镇的水系承担了多重功能。除了作为限定空间的界限及承担交通运输的功能,水系还是人们日常生活、工作、交往中不可缺少的重要场所,是乌镇发展的主要轴线。人们利用水体浣衣洗菜、乘船捕捞,在河道边休憩闲谈,如

(a)　　　　　　　　　　　　(b)

图 7.9　乌镇水系

(a)外景(一);(b)外景(二)

图 7.10 所示。水体与河道渗透到乌镇居民生活的方方面面,与有特色的乌镇生活形成密不可分的整体。为了获取便利的交通条件及良好的景观朝向,建筑往往最先临河而建,因此水系沿岸的建筑也就成为乌镇中最先发展起来的片区,最为繁华和便利。

(a)　　　　　　　　　　　　(b)

图 7.10　水体与居民的日常生活密切相关

(a)外景(一);(b)外景(二)

3. 建筑特点

乌镇的建筑类型大致分为两类,一类是民居建筑,一类是公共建筑,而民居建筑又可分为体量较小的普通民居和多进多出的大宅。

民居建筑是居民生活的基本空间,而且是古镇区域空间最主要的组成部分。乌镇的普通民居多为传统砖木结构的坡屋顶建筑,建筑内部装饰较少,由建筑材料天然的纹理修饰,多为原木色不施漆或仅外刷桐油。建筑外部则呈现出江南水乡典型的粉墙黛瓦的建筑风貌,总体简洁素雅,亲切和易。相比都市中的高楼大厦,乌镇的建筑多了几分柔美,伴着水系中不时划过的乌篷船,与船夫口中的吴侬软语,建筑与周围环境融为一体。建筑平面舍弃了传统的"一堂两室"格局,本着实用、适形、最大限度地满足生活需要的原则建造,一层常见居住空间与商业空间彼此结合。建筑面宽窄而进深大,单体之间有时共用山墙或以窄弄、天井有机组合。

为了节约陆地面积,获取较大的空间,部分沿河的民居会将木桩或石桩打入河床中,上架跨水石梁承重,从而将建筑部分挑出水面而筑。屋下挑出的空间还可以用来停船,或设置入水台阶。如此建成的房屋形制轻巧,与水体的关系十分亲近,远看去犹如枕架于水上,格外轻灵秀气,因而也被称为"水阁",如图7.11所示。水阁是乌镇独具地方特色的建筑形式,乌镇也因此而获得了"中国最后的枕水人家"的美誉。阮仪三在《江南六镇》一书中对水阁的布局形式曾大加赞赏,并咏叹道:"乌镇水阁房,空灵又敞亮,家家枕河眠,水乡好风光。"

公共建筑以寺庙建筑、茶楼建筑、园林建筑等几种类型为主,常与古镇的公共节点结合,构成综合类型的活动区域。

(a)　　　　　　　　　　　　　　　　(b)

图 7.11　乌镇"水阁"建筑
(a)水景(一);(b)水景(二)

4. 植物配置

乌镇植物配置多以本地植物为主,在每个特色区段,都有能反映局部特色的植物配置。树种搭配时,注意常绿树与落叶树合理搭配,避免常绿树种过多而季节变化较少。搭配树种常以竹、水杉、开花灌木及各种乔木为主,如图7.12所示。

5. 街巷尺度

通过调研,着重对乌镇四面四条大街的空间尺度与空间感受进行研究分析。其中东大街东起三里塘,沿东市河向西伸长至望佛桥,全长1 232 m,宽约3 m。西大街自卖鱼桥起西至京杭大运河,沿西市河北岸延展1 800 m,宽度为3～5 m。南大街以赵家园桥为南起点,北至宫桥,以市河为轴,向南逶迤延伸875 m,宽2.5～4.5 m。北大街南起卖鱼桥,沿市河向北延伸1 507 m,宽2.5～5 m。总的来说,乌镇主要街道宽度为2.5～5 m,主要街道两侧建筑为1～2层坡屋顶,二层檐口高度为6～7 m,一层檐口高为3～3.5 m。通过上述分析得出,乌镇主要街道的 D/H 比值在0.4～

(a)　　　　　　　　　　　　　　　　　(b)

图 7.12　乌镇植物景观

(a)外景(一);(b)外景(二)

1,相对开敞的局部地段 D/H 比值为 1～1.6。

　　总体来说,空间有一定的围合感,但并不让人感觉压抑和封闭。空间尺度亲切宜人,满足街市和传统文化活动开展的需求,具有人性化的特点。此外,街道具有丰富的尺度变化,即使是同一街道的尺度也并非一成不变,尺度的收放和变化带给人丰富的空间感受。

　　从乌镇总体版图可以看出,除去水体、河道与房屋建筑,一些节点空间在镇内灵活布置,主要有拱门空间、广场、河埠等,这些空间使得乌镇底图显得疏密有致,既有高密度的住宅聚集区,也有建筑密度较小的公共活动区域。

　　拱门空间是乌镇街巷中较有特色的一部分,其原作用一是原居住单位中坊与坊之间进行空间划分与界限限定的标识,二是砖制拱门墙起到部分防火墙的作用。现今留存的街巷内的拱门空间也起到了引导视线、丰富空间层次的作用,如图 7.13 所示。

 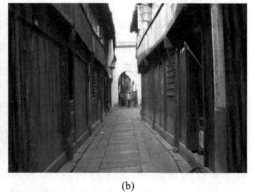

(a)　　　　　　　　　　　　　　　　　(b)

图 7.13　乌镇街巷拱门

(a)外景(一);(b)外景(二)

　　广场是乌镇布局中的"真空点",其开朗、广阔,与高密度的水乡建筑布局形成了强烈对比。因陆地面积有限,水乡的广场往往面积不大,并且一般都位于公共建筑入口前,为庙会等公共活动提供聚集场地。乌镇最大的广场是观前广场,是中市和乌镇的核心区域,广场周边分别由修真观山门、戏台和连廊围合,具有一定的向心性,如图7.14 所示。

(a)　　　　　　　　　　　　　　　　(b)

图 7.14　乌镇修真观及观前广场

(a)修真观;(b)观前广场

　　河埠是乌镇另一极具特色的节点形式。河埠一般有私人河埠和公共河埠两种,如图 7.15 所示。私人河埠多建于民居之后,供一家或几家人日常生活之用,其规模大小不一,形成了房屋建筑与河道水体之间的过渡地带,柔化了建筑岸线。公共河埠则位于公共空间,完全开放,供船舶停靠之用。

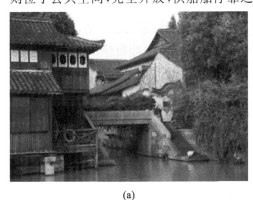

(a)　　　　　　　　　　　　　　　　(b)

图 7.15　私人河埠与公共河埠

(a)私人河埠;(b)公共河埠

7.2.3　开发优势借鉴

1. 尊重历史文化

乌镇不仅具有悠久的历史,还有"崇文"的优良传统。不论是吴越文化,还是程朱理学,都对从古至今居住在乌镇的人们产生了深刻的影响。乌镇历来重视文化教育,表现在空间结构上,则是镇内书院、读书阁、义塾的普及。至近代,乌镇则是文学家茅盾先生、画家木心先生等名师大家的故乡。

在保护开发过程中,乌镇不只着眼于街巷风貌的整治,更将其深厚的文化底蕴融入了建设之后开放的乌镇。乌镇东栅景区在完成沿街风貌整治后,向这些整治过的房子中"填充"了两种文化,一种是名人文化,另一种是传统文化。经过沟通协商,第六届茅盾文学奖的颁发地点设立在了乌镇,大量媒体都来报道这次盛会,乌镇由此开始为外界人所知;而皮影戏、桐乡花鼓戏等非物质文化遗产,也借着这个机会开始复苏。

2. 多重开发方式

在乌镇的保护开发过程中,先开发的东栅景区走的是挖掘名人文化、历史文化之路,以游览体验为主;后开发的西栅景区则定位为"历史街区的再利用",首先是整治,不仅整治沿街建筑风貌,还对西栅老街所有老建筑的结构内部进行调整,装修了卫生间,改造了楼梯,同时让西栅社区化。至于南朝昭明太子读书处牌坊的改造,不是将其作为旅行景点,而是在牌坊后面建造了一个图书馆,对所有居民和游客开放。

3. 多重身份定位

乌镇不仅是一个旅游古镇,而且凭借传统乌镇、文化乌镇、度假乌镇、会展乌镇的多重身份,展现这个千年江南古镇的魅力。针对乌镇戏剧节、世界互联网大会等活动,对应设计建造了乌镇大剧院、乌镇互联网国际会展中心等公共建筑,这些建筑虽为现代建筑形式,但采用了传统元素符号,并综合考虑了乌镇景区的建筑肌理和建筑体量,与乌镇既有环境建筑和谐共生。

如今的乌镇,因每年的世界互联网大会、戏剧节、艺术展等主题活动,成为一座生动诉说着当代中国故事的文化古镇。乌镇成为历史文化复兴的新样本,确有许多值得借鉴之处。

7.3 四川省宜宾市李庄古镇

7.3.1 村庄概况

李庄古镇具有丰富的文化和历史遗迹的沉淀,它是诉说着抗战风云和沧桑的小镇,也是蕴含着中华民族精神,折射着中国传统文化的古老小镇。李庄古镇素有"万里长江第一古镇"之称,位于四川省宜宾市东郊长江南岸,距今已有1 400多年建镇史,依长江繁衍生息,是长江边上的千年古镇,形成了"江导岷山,流通楚泽,峰排桂岭,秀流仙源"的自然景观。这里地形平坦,气候宜人,历史悠久,人文景观荟萃,水陆交通便捷,多了些淳朴的人文气息,少了些商业气息,如图7.16和图7.17所示。

李庄位于宜宾市郊19 km处的长江南岸李庄坝,是国家级历史文化名镇,其在

图 7.16 李庄古镇入口牌楼

图 7.17 李庄古镇内景观

古代是一个渔村,汉代时曾设驿站,由于濒临长江,水运发达,所以曾是明清水运商贸之地。李庄古镇人文景观荟萃,文物古迹众多,古建筑群规模宏大,布局严谨,比较完整地体现了明清时期川南民居、庙宇、殿堂等建筑的特点。镇上商店林立,酒肆茶楼不断,繁华热闹。现仍保存明清古镇的风貌和格局,石板街道的两旁多为清代建筑,雕花门窗,风火山墙高耸,古色古香。在临江码头处,有层层叠叠而上的石板阶梯通往大街,浓厚的川南地方民族特色一览无遗。

李庄古镇于 1992 年被命名为"四川省历史文化名镇",1995 年被列为国家、省级小城镇建设试点镇。镇内有体现明清建筑特点的殿堂、庙宇、古戏楼、楼台、古民居、古街道;有很高古文化欣赏价值的玉佛寺、慧光寺、文昌宫、南华宫、东岳庙等"九宫十八庙",如图 7.18 所示。

被建筑大师梁思成称"梁柱结构之优,颇足傲于当世之作"的旋螺殿(见图7.19),与百鹤窗、奎星阁、九龙碑一起并称古镇四绝。旋螺殿位于古镇南面约 2.5 km 处的石牛山上,其建筑艺术除山西应县木塔外,别无他寻。此殿呈八角形,进深 8 m,高 25 m,外观为三重檐结构,内实二层,殿顶覆青色简瓦,8 条殿脊皆塑有走兽和置有垂兽,宝顶及 8 个翼角均起翘柔美。令人叹服和景仰的是,旋螺殿存世已 400 余年,仍顶天立地,不腐不朽;整座建筑采用的梁、框、柱、架均为木质镶嵌,没用一颗铁钉和黏合剂,一气呵成。该殿因其藻井状如旋螺而得名,是中国亭台楼阁建筑之经典。

李庄古镇人文景观荟萃,文物古迹众多。现保存较为完好的古迹,有明代的东岳庙、慧光寺(见图 7.20)、旋螺殿、清代的东狱庙、禹王宫、天上宫、南华宫、文昌宫、祖师殿、罗家祠堂、张家祠堂、肖家院民居、四姓大院民居等。古建筑群布局严谨,规模宏大,较为完整地体现了明清时期川南殿堂、庙宇的建筑特点。木雕石刻有较高的艺术欣赏价值,做工精细,图像生动。

李庄古镇还是抗日战争时期大后方的文化中心之一,如图 7.21 和图 7.22 所示。1939 年,自"同大迁川,李庄欢迎,一切需要,地方供应"十六字电文发出起,金陵大学、同济大学、中央博物院、中央研究院、中国营造学社等十多家高等学府和科研院所,在抗战时期迁驻李庄古镇,全国知名学者、专家,如傅斯年、李济、吴定良、陶孟和、

图7.18　李庄古镇遗迹

(a)景观(一);(b)景观(二);(c)景观(三);(d)景观(四)

图7.19　旋螺殿　　　　　　　　　**图7.20　慧光寺**

梁思成、林徽因、梁思永、童第周、劳干等云集李庄古镇达六年之久,梁思成的《中国建筑史》就诞生在李庄古镇,直到抗战胜利后的1947年,这些高等学府和科研院所才先后迁回原处,李庄古镇也因成为抗战文化中心而闻名遐迩。

在李庄古镇,烧李庄草龙,品李庄白肉,观传统龙舟,赏三江日落、腰鼓、秧歌、川

图 7.21　抗战时期的建筑

图 7.22　抗战文化陈列馆

剧民间表演、牛儿灯,还可寻古镇四绝——旋螺殿、奎星阁、九龙碑、百鹤窗,让人流连忘返。李庄古镇可以让喜欢品味建筑风格的人欣赏川南民居和古建筑文化,可以让有爱国情怀的人欣赏抗战文化,可以让虔诚的人欣赏宗教文化,可以让寻根问祖的人欣赏客家文化,可以让贪杯好吃的人欣赏饮食文化。李庄古镇,如同其他风景名胜古迹,春夏秋冬四季景色各有魅力。李庄古镇是中国建筑科学的摇篮,众多祠堂、庙宇及精湛的民居,为中国营造学社研究中国古建筑提供了实例和范本。

7.3.2　民俗文化

　　栗峰山庄大门有一联,提到李庄古镇民俗民风"宗风两铭"。"两铭"即宋代张载的《东铭》和《西铭》。张载有句名言,"为天地立心,为生民立命,为往圣继绝学,为万世开太平"。2005 年,国民党主席连战来大陆时,就引用过张载所语"为万世开太平"。

　　李庄古镇民俗文化还有很多丰富的内容,如席子巷就是体现川南古镇民居建筑特色的代表作,它是一条青石板路面的窄巷,其中的民居多是木榫穿斗结构的二层小青瓦房屋,冬暖夏凉,错落有致。每间门面外还有两扇称为"腰门"的齐腰矮门,有其独特韵味。

　　李庄古镇的民俗活动别有一番情趣,是个古风古韵浓郁的小镇,如舞草龙(见图7.23)、划花船、放龙灯、川剧清唱、表演"牛儿灯"等,都是逢年过节时乡亲喜爱的文娱活动,尤其是"舞草龙",舞得最为热烈红火,是李庄古镇最具独创性的民俗活动。民俗表演如图 7.24 所示。

　　李庄古镇既保留了传统民俗活动,也提高了人们的生活水平,更加宜居。李庄古镇的街道和巷子尺度也保留完好,如图 7.25 所示,人走在街巷中,不会感受到现代化城市的高楼大厦带来的压抑感,取而代之的是古镇的亲切和宜人、古镇人民的热情和好客,能充分体验川南特色民俗文化和生活状态,感受生态宜居的特色古镇氛围。

图 7.23　舞草龙　　　　　　　　图 7.24　民俗表演

(a)　　　　　　　　　(b)

(c)　　　　　　　　　(d)

图 7.25　李庄古镇的街道和巷子
(a)街巷(一);(b)街巷(二);(c)街巷(三);(d)街巷(四)

7.3.3　空间特点

　　李庄古镇至今已有 1400 余年的历史,在其发展和形成的各个阶段,古镇的空间形成与发展的内在机制也各不相同,从而演变出多样的空间形态。从早期的交易集散型场镇,至清道光年间形成的带有移民特性的空间格局,再到后来城镇规模扩大,现代化与城镇化进程推进,但古镇格局却没有被破坏,基本被保留下来。

1. 交通贸易形成的自然场镇

四川地区农业经济发达,物资交换频繁,是巴蜀文化的发源地,又因地理环境相对隔绝,受宗法礼教限制,少经战乱纷扰,所以场镇的分布多以经济联系为纽带,空间布局更多地考虑地形、交通、气候等因素,其内在结构遵循自然规则,往往显得自然和谐,大巧不工,如图 7.26 所示。

图 7.26　李庄古镇渡口交通示意图

李庄古镇的选址与其他自然形成的场镇不同。李庄古镇背靠景山,景山作为其天然的依托,可让水气在山前循环,促进降水。景山对面的桂轮山,则成为村镇的对景山,是李庄古镇的天然屏障,避免村镇一览无遗。场镇选址在河流拐弯处的凸岸,村镇大面积的居住用地和生活用地位于宽阔平缓的冲击扇平原,物产丰富,土地肥沃。

从古镇的形成要素来看,李庄古镇引人定居是因其丰富的自然资源,且发挥其优越的地理位置优势,成为长江水运的航运及周边村落的交易集散的节点。为满足低层次、小规模的交易需要,衍生出了街市的空间形态,这与经过规划的古城不同,李庄古镇没有界限明显的功能分区,街市既是生活的场所,又因交易需要而自发产生了市场。

因为自由、遵从自然的发展脉络,早期李庄古镇几乎没有明确的边界,街道的扩展也不遵从既有的规则,同时不存在明确的场镇核心。河流和双眼水井作为重要的空间节点,也是场镇赖以生存的场所,二者共同界定了场镇的空间格局和大致范围。场镇在边界受到河流影响,东西向街道的走向几乎平行于河流的走向,南北向垂直于河流的街道分布要远多于东西向平行于河流的街道,因此形成了枣核形的整体平面;而枣核的另一面边界则受到古井的影响,街道并不会向远离古井的方位延伸,而水井街与文鼎祠街直接同古井相连,也界定了场镇早期的边界。

李庄古镇作为典型的四川古镇,显著的建筑特征之一就是受气候影响而诞生的穿斗式民居,建筑的分布也多为沿街线性延伸,从而满足作为交易型的古镇的需求,建筑的分布因其依山傍水形成的街道格局而显得错落有致。李庄古镇的建筑并没有采用山地古镇的吊脚楼形式,是因为其处于冲积扇地带,总体高差不大。

李庄古镇早期的空间格局得到了较好的保留,通过空间特征和历史记载进行推断,很容易得出以老场街为发源地自然形成的街道网络,早期的街道空间随着地形延伸,而边界受河流和古井的约束,建筑形式统一,街道延伸较为直接。

2. 移民浪潮下的场镇拓展

明末清初,受屠杀和战乱的影响,李庄古镇经济萧条,人口锐减。清朝前期,开始实施移民政策,从康熙年间的奉旨入川到乾隆时期的经商入蜀,前后共经百余年,经济得到繁荣的同时,也带来了文化层面的交流,古镇的空间形态发生不同的转变,产生了大量的会馆建筑,并形成了现存的古镇格局,如图 7.27 所示。

图 7.27　李庄古镇空间格局示意

2005 年,李庄古镇自被公布为中国历史文化名镇之后,划定了核心区和古镇保护区,全面停止了古镇保护区内的各种建设,使历史建筑和各级文保单位保存完好。同时逐级申报各级文保单位和投入资金逐步修缮历史建筑,使历史建筑和文保单位数量逐步增加。

李庄古镇文化资源抢救保护与利用开发工作因投入太少,导致差距太大。李庄古镇"九宫十八庙"之类的古建筑虽数量多、质量好,但是其抢救保护与利用开发深度及力度都相差甚远。目前李庄古镇连接新区的一些古民居、古街巷,因扩建新街的需求而被拆改,路边有不少已遭损毁破坏的民居和庭院,留下残垣断壁,而临近古街道的一些很不规范的新建筑和新民居,也因立面形式杂乱不一,与具有千年古韵风情的古镇氛围格格不入。此外,有些文化遗迹和遗址周边的历史环境,也遭到不同程度的破坏,损毁了其原本价值。

2016 年李庄古镇入选全国第一批中国特色小镇。这不仅推动李庄古镇的可持续保护与利用,同时体现了李庄古镇丰富的文化内涵,说明李庄古镇不仅具有很强的吸引力,还有极高的再次开发的潜力。

李庄古镇已逐步建成以酿酒、农业、造纸、机械、建材、建筑、农产品加工、旅游等为支柱产业的新兴集镇,是国家、省、市、区小城镇试点镇。适逢中央实施西部大开发战略这一难得的发展机遇,现《李庄镇总体规划(2012—2030)》已经批准实施,李庄古镇的经济发展前景十分广阔。现如今,李庄古镇基础设施建设已初具规模,文化得以保留,生活气息浓厚,生态环保又宜居,如图 7.28 所示。李庄古镇具备丰富的自然资源和人文内涵,并不断探索新的呈现方式,提升旅游文化产品的质量,真正将丰富的资源转变为发展的动力,进而为古镇的保护与更新提供更好的条件。

图 7.28　李庄古镇现状

(a)古镇铺面;(b)古镇建筑;(c)古镇院落;(d)古镇街巷

参 考 文 献

[1] 刘真心.动态能力视角下的我国村镇宜居社区建设发展战略研究[D].北京:北京交通大学,2018.

[2] 金兆森,陆伟刚.村镇规划[M].3 版.南京:东南大学出版社,2010.

[3] 汤铭潭,宋劲松,刘仁根,等.小城镇发展与规划概论[M].北京:中国建筑工业出版社,2004.

[4] 李华.村庄规划与建设基础知识[M].北京:中国农业出版社,2008.

[5] 赵海春.科技发展五十年·认识我们的生态家园[M].合肥:安徽美术出版社,2013.

[6] 吴良镛.人居环境科学导论[M].北京:中国建筑工业出版社,2001.

[7] 李勤.生态理念下宜居住区营建规划[M].北京:科学出版社,2018.

[8] 张建华.建筑设计基础[M].北京:中国电力出版社,2004.

[9] 菅柠柠.新型城镇化背景下美丽乡村建设中的新城市主义理论借鉴与应用——以青岛即墨市金口镇凤凰村规划为例[D].青岛:青岛理工大学,2018.

[10] 杨华刚,袁敏,翟辉.山水田园城市理论在山地型乡镇总体规划中的实践探析——以曲靖会泽县上村乡为例[J].城市建筑,2018(23):18-20.

[11] 丁言强,牛犇,吴翔东.哈马碧生态循环模式及其启示[J].生态经济,2009(6):179-182.

[12] 韩艳.村镇宜居社区评价及应用研究[D].北京:北京交通大学,2015.

[13] 赖波.古为今用中国传统建筑之生态设计理念[D].上海:同济大学,2007.

[14] 孙科峰.街坊式城市住区模式研究[D].杭州:浙江大学,2004.

[15] 金兆森.城镇规划与设计[M].北京:中国农业出版社,2005.

[16] 杜黎明.主体功能区区划与建设——区域协调发展的新视野[M].重庆:重庆大学出版社,2007.

[17] 李天荣.城市工程管线系统[M].重庆:重庆大学出版社,2002.

[18] 付军,蒋林树.乡村景观规划设计[M].北京:中国农业出版社,2008.

[19] 中共中央国务院 关于进一步加强农村工作提高农业综合生产能力若干政策的意见:中发[2005]1 号[A/OL].(2004-12-31)[2020-01-15].http://www.gov.cn/gongbao/content/2005/content_63347.htm

[20] 中共中央国务院 关于推进社会主义新农村建设的若干意见:中发[2006]1 号[A/OL].(2005-12-31)[2020-01-15].http://www.gov.cn/gongbao/content/2006/content_254151.htm

［21］　中共中央国务院　关于积极发展现代农业扎实推进社会主义新农村建设的若干意见：中发［2007］1 号［A/OL］.（2006-12-31）［2020-01-15］.http://www.gov.cn/gongbao/content/2007/content_548921.htm

［22］　中共中央国务院　关于切实加强农业基础建设进一步促进农业发展农民增收的若干意见：中发［2008］1 号［A/OL］.（2007-12-31）［2020-01-15］.http://www.gov.cn/gongbao/content/2008/content_912534.htm

［23］　中共中央国务院　关于 2009 年促进农业稳定发展农民持续增收的若干意见：中发［2009］1 号［A/OL］.（2008-12-31）［2020-01-15］.http://www.gov.cn/gongbao/content/2009/content_1220471.htm

［24］　中共中央国务院　关于加快发展现代农业进一步增强农村发展活力的若干意见：中发［2013］1 号［A/OL］.（2012-12-31）［2020-01-15］.http://www.gov.cn/gongbao/content/2013/content_2332767.htm

［25］　中共中央国务院　关于全面深化农村改革加快推进农业现代化的若干意见：中发［2014］1 号［A/OL］.（2013-12-31）［2020-01-15］.http://www.gov.cn/gongbao/content/2014/content_2574736.htm

［26］　中共中央国务院　关于加大改革创新力度加快农业现代化建设的若干意见：中发［2015］1 号［A/OL］.（2014-12-31）［2020-01-15］.http://www.gov.cn/gongbao/content/2015/content_2818447.htm

［27］　中共中央国务院　关于落实发展新理念加快农业现代化实现全面小康目标的若干意见：中发［2016］1 号［A/OL］.（2015-12-31）［2020-01-15］.http://www.gov.cn/gongbao/content/2016/content_5045927.htm

［28］　中共中央国务院　关于深入推进农业供给侧结构性改革加快培育农业农村发展新动能的若干意见：中发［2017］1 号［A/OL］.（2016-12-31）［2020-01-15］.http://www.gov.cn/gongbao/content/2017/content_5171274.htm

［29］　中共中央国务院　关于实施乡村振兴战略的意见：中发［2018］1 号［A/OL］.（2018-01-02）［2020-01-15］.http://www.gov.cn/gongbao/content/2018/content_5266232.htm

［30］　中共中央国务院　关于坚持农业农村优先发展做好"三农"工作的若干意见：中发［2019］1 号［A/OL］.（2019-01-03）［2020-01-15］.http://www.gov.cn/gongbao/content/2019/content_5370837.htm

［31］　陈庆云,戈世平,张孝德.现代公共政策概论［M］.北京:经济科学出版社,2004.

［32］　艾昕,黄勇,孙旭阳.理想空间(77):特色小镇规划与实施［M］.上海:同济大学出版社,2017.

［33］　范天竞.李庄古镇空间形成机制研究［J］.北方文学,2017(29):158-160.